电力人身安全风险防控手册

大唐国际发电股份有限公司　编著

中国电力出版社
CHINA ELECTRIC POWER PRESS

内容提要

安全是生产的灵魂，安全生产的灵魂是安全文化。建设安全文化的最基础工作是提升员工安全意识和安全防护技能，学习本手册是掌握安全防护技能最有效的途径。本手册依据GB 6441—1986《企业职工伤亡事故分类》，结合电力企业的特点及实际情况，筛选出与电力企业有关的事故类别，并按照事故类别进行编绘，内容包括高处坠落防控、起重伤害防控、物体打击防控、触电防控、机械伤害防控、灼烫伤防控、火灾与爆炸防控、中毒与窒息防控、坍塌防控、淹溺防控、厂内机动车辆伤害防控共11类，以及火电厂、水电站和风电场生产现场风险辨识表。各章节的结构是，对电力企业常见的典型作业现场进行风险辨识，按照个人能力与防护、安全作业现场、安全作业行为进行防控。采用图文并茂形式，如临现场、生动活泼，具有看图说话、通俗易懂等特点，贴近一线作业现场；并按各专业分类编写，具有专业性强、知识性强、实用性强等特点，便于读者学习和掌握。

本手册面向电力企业一线员工和安全生产管理人员，可作为各企业的安全生产及管理人员的工具书和培训教材，也可作为相关院校安全课程的参考资料。

图书在版编目（CIP）数据

电力人身安全风险防控手册 / 大唐国际发电股份有限公司编著. — 北京：中国电力出版社, 2012.3（2023.2 重印）
ISBN 978-7-5123-2826-6

Ⅰ. ①电… Ⅱ. ①大… Ⅲ. ①电力工业－安全生产－手册
Ⅳ. ①TM08-62

中国版本图书馆CIP数据核字（2012）第 043787 号

中国电力出版社出版、发行
（北京市东城区北京站西街19号 100005 http://www.cepp.sgcc.com.cn）
河北鑫彩博图印刷有限公司印刷
各地新华书店经售
*
2012年 4 月第一版 2023 年 2 月北京第九次印刷
700毫米 × 1000毫米 16开本 22.75 印张 420 千字
印数 22501—23500 册 定价 105.00 元

编 委 会

序

风险可以被认定为一种可识别的不确定性。防控风险就是预防和控制这种不确定性。“安全第一，预防为主”一直是电力企业强化安全管理的重要原则。“预防为主”就是风险防控，编辑出版《电力人身安全风险防控手册》非常必要。

防控电力人身安全关键在全过程可控，既需要自我防护，更需要外在监控。长期以来，电力行业始终把安全生产放在重要的基础地位，完善的规章制度，健全的安全监督网络，先进的设备投入，为确保员工生命安全和身体健康，确保电网安全稳定运行奠定了坚实的基础。但是安全隐患依然不能杜绝，现场作业人员用经验代替规程和标准的现象时有发生，对现场作业风险的分析缺乏系统性，防控措施往往不能完全满足设备、现场作业环境、人员精神状态、气候状况等诸多因素的要求。以风险为导向，狠抓人身安全，既能增强员工自身的风险意识，更能很好地防控“小河沟里翻船”。

《电力人身安全风险防控手册》的编制是大唐国际引导员工自觉执行安全规范标准，培育安全文化，进而实现安全制度与安全文化互通、互动、互补的有效尝试和创新。安全生产风险防控必须依据各项安全生产标准规范，但标准规范相对枯燥，不利于一线员工快速掌握应用。本书通过现场拍照或手工绘制800多幅图片，以员工喜闻乐见的形式，生动活泼地梳理、解读了各类现场作业安全风险以及防控措施标准、规范。这种方式突破了现有关于风险分析与控制措施类出版物的风格。在结构上条理清晰、层次分明；在内容上概括精炼、通俗易懂；在形式上图文并茂、如临现场。这种风格既维护了制度的刚性，又发挥了文化的渗透力。

2012年的春天已经来临。《电力人身安全风险防控手册》的出版，像三月的春风一样润物无声，激活责任意识，筑牢风险防线，引导安全行为。相信本书将会推动电力人身安全风险防控的标准规范从纸面上走下来，生根于员工思想，体现于员工行为，真正实现员工从“要我安全”向“我要安全”的根本转变。

前言

近年来，随着我国电力工业的快速发展，高参数、大容量机组迅猛增加，电力企业安全生产管理模式也随之发生了深刻的变化。发电企业呈现出定员少、人员流动快、岗位变化快等特点，对于员工在短时间内迅速掌握安全生产知识和安全生产技能的要求越来越高。传统的安全教育培训模式难以适应发展的需要，迫切需要寻找新的方法和手段。

安全生产知识和技能的核心是对现场作业风险的辨识能力与防控能力，这种能力提高的基本途径是安全生产实践。为使作业人员能在安全生产活动中快速提高对人身安全风险的辨识能力，并规范作业行为及作业现场，杜绝无知性违章，实现安全风险的超前防控，特编写《电力人身安全风险防控手册》。

本手册依据国家标准GB 6441—1986《企业职工伤亡事故分类》，结合电力企业的特点及实际情况，筛选出与电力企业有关的事故类别，并按照事故类别进行编写。各章节的编写结构是，对事故类别进行定义、确定电力企业常见的典型作业场所、找出作业中可能存在的主要安全风险，针对安全风险制定相应的防控措施。其中，安全风险防控措施包括四个方面：①对个人能力是否胜任此项工作的安全防控；②对个体防护及着装是否满足作业要求的安全防控；③对作业现场安全性的安全防控；④对人员作业行为的安全防控。为保证安全防控内容的全面和具体，参照了GB 26164.1—2010《电业安全工作规程　第1部分：热力和机械》，丰富了内容，具有专业性强、知识性强、实用性强等特点。

本手册按照火电厂、水电站、风电场的各专业，对典型作业现场、典型作业点进行安全风险辨识，提炼了发电企业生产现场风险辨识表。现场人员在作业前，可对照风险辨识表（见附录一～附录三），结合现场实际情况进行安全风险辨识，找出作业现场存在的危险因素，并针对危险因素对照各章节内容，确定相应的控制措施。

本手册采用了图文并茂的形式，如临现场、生动活泼，具有看图说话、通俗易懂等特点，贴近一线作业现场，便于读者阅读学习和掌握。

本手册是对电力人身安全风险防控的诠释，希望本手册的出版能为同行搞好安全生产管理工作带来帮助和借鉴作用，为我国电力安全生产作出新的贡献。

目 录

序

前言

第一章 绪论 …………………………………… 1

第一节 电力人身安全风险辨识 ………………………… 2

第二节 电力人身安全风险防控 ………………………… 3

第三节 电力人身安全风险防控方法 …………………… 5

第二章 高处坠落防控 …………………………… 7

第一节 概述 …………………………………………… 7

第二节 个人能力与防护 ……………………………… 12

第三节 脚手架上坠落防控 …………………………… 15

第四节 悬空坠落防控 ………………………………… 20

第五节 临边坠落防控 ………………………………… 34

第六节 洞口坠落防控 ………………………………… 43

第七节 梯子上坠落防控 ……………………………… 46

第八节 拆除工程坠落防控 …………………………… 50

第九节 踏穿不坚实作业面防控 ……………………… 54

第三章 起重伤害防控 …………………………… 58

第一节 概述 …………………………………………… 58

第二节 个人能力与防护 ……………………………… 62

第三节 起重吊具伤害防控 …………………………… 64

第四节 桥式起重机伤害防控 ………………………… 79

第五节 手拉、电动葫芦伤害防控 …………………… 83

第六节　汽车起重机伤害防控 …………………………… 87
第七节　卷扬机伤害防控 ………………………………… 91
第四章　物体打击防控………………………………… 96
第一节　概述 ……………………………………………… 96
第二节　个人能力与防护 ………………………………… 99
第三节　手工加工 ………………………………………101
第四节　人工搬运 ………………………………………111
第五节　脚手架上落物防控 ……………………………117
第六节　高处落物防控 …………………………………122
第五章　触电防控……………………………………… 126
第一节　概述 ……………………………………………126
第二节　个人能力与防护 ………………………………128
第三节　绝缘安全用具 …………………………………130
第四节　手持电动工具 …………………………………133
第五节　现场临时用电防控 ……………………………136
第六节　触碰带电体防控 ………………………………145
第七节　电气误操作防控 ………………………………152
第六章　机械伤害防控………………………………… 155
第一节　概述 ……………………………………………155
第二节　个人能力与防护 ………………………………156
第三节　机械加工伤害防控 ……………………………158
第四节　电动工具伤害防控 ……………………………163
第五节　转动设备伤害防控 ……………………………171
第六节　行走设备伤害防控 ……………………………180
第七章　灼烫伤防控…………………………………… 185
第一节　概述 ……………………………………………185
第二节　个人能力与防护 ………………………………188

第三节　热焦（渣）烫伤防控 ……………………………190
第四节　热水（蒸汽）烫伤防控 ……………………………195
第五节　化学灼伤防控 ……………………………………198

第八章　火灾与爆炸防控……………………………205

第一节　概述 ……………………………………………205
第二节　个人能力与防护 …………………………………210
第三节　易燃易爆物品火灾防控 …………………………211
第四节　作业现场火灾防控 ………………………………218
第五节　输煤（制粉）系统火灾防控 ……………………226
第六节　油系统火灾防控 …………………………………230
第七节　氢气系统火灾防控 ………………………………236
第八节　风力发电机组火灾防控 …………………………242

第九章　中毒与窒息防控……………………………245

第一节　概述 ……………………………………………245
第二节　个人能力与防护 …………………………………250
第三节　密闭容器内中毒防控 ……………………………252
第四节　沟道（池）内中毒防控 …………………………255
第五节　煤灰斗（仓）内中毒防控 ………………………259
第六节　危险化学品中毒防控 ……………………………262
第七节　刷（喷）漆中毒防控 ……………………………267

第十章　坍塌防控……………………………………269

第一节　概述 ……………………………………………269
第二节　土方坍塌防控 ……………………………………272
第三节　脚手架坍塌防控 …………………………………278
第四节　堆置物坍塌防控 …………………………………283

第十一章　淹溺防控…………………………………289

第一节　概述 ……………………………………………289

第二节　个人能力与防护 ……………………………………293
第三节　冷却水塔淹溺防控 …………………………………295
第四节　水（灰）坝淹溺防控 ………………………………299
第五节　水池淹溺防控 ………………………………………301
第六节　卸煤码头淹溺防控 …………………………………304
第十二章　厂内车辆伤害防控…………………… 309
第一节　概述 …………………………………………………309
第二节　个人能力与防护 ……………………………………310
第三节　厂内道路 ……………………………………………311
第四节　车辆与运输 …………………………………………312
附录一　火电厂生产现场风险辨识表 ……………… 319
附录二　水电站生产现场风险辨识表……………… 341
附录三　风电场生产现场风险辨识表……………… 348

第一章 绪论

安全生产风险管理最早由美国宾夕法尼亚大学所罗门 · 许布纳博士提出，其内容是指各经济单位通过识别、衡量、分析安全风险，并在此基础上有效控制安全风险，用经济合理的方法来综合处置安全风险，实现最大安全保障的科学管理方法。

近年来，随着人们对安全生产风险管理的深入探讨和研究，认识到在生产活动中总会伴随着安全生产风险，安全生产风险是潜在的、是随时存在的，只有消除了安全生产风险，才能搞好安全生产，防止各类事故的发生。随着社会的进步，企业体制、机制改革的不断深化，人们思想认识水平的不断提升，对曾发生过的事故不断总结和分析，积累了大量的宝贵经验，对安全生产风险的认识也逐步加深，开始从传统的经验管理向现代的风险管理转变，从事后管理向预防管理转变。

电力人身安全生产风险管理工作是以预防为主，即通过有效的管理和技术手段，防止人的不安全行为、物的不安全状态出现，从而使事故发生的概率降到最低。其基本出发点源自生产过程中的事故是能够预防的观点。除了自然灾害以外，凡是由于人类自身的活动而造成的危害，总有其产生的因果关系，探索事故的原因，采取有效的对策，原则上讲就能够预防事故的发生。由于预防是事前的工作，因此正确性和有效性就十分重要。生产系统一般都是较复杂的系统，事故的发生，既有物的不安全状态的原因，又有人的不安全行为的原因，事先很难估计充分。有时重点预防的问题没有发生，但未被重视的问题却酿成大祸。为使预防工作真正起到作用，一方面要重视经验的积累，对既成事故和大量的未遂事故进行统计分析，从中发现规律，做到有的放矢；另一方面要采用科学的安全分析、评价技术，对生产中人和物的不安全因素及其后果做出准确的判断，从而实施有效的对策，预防事故的发生。

第一节 电力人身安全风险辨识

事故分类工作始于美国。美国劳工统计局早在1920年出版了《工业事故统计标准方法》，1937年此方法获得美国标准局正式批准，名为《搜集编制工业事故原因的标准方法》，并历经1941年、1962年、1969年、1973年和1977年的多次修订和完善，确定为《记录工作中的人身伤害性质及过程的有关基础事实的记录方法》。以后，其他许多国家，诸如日本、法国、印度及前苏联等的事故分类方法，虽在内容上不尽相同，但大多源自或仿效于美国。

我国现行的GB 6441—1986《企业职工伤亡事故分类》基本上也是以美国标准为依据，在参考日本现行的事故分类方法基础上形成的。该标准按照引起事故的起因物将伤亡事故分为20类：①物体打击；②车辆伤害；③机械伤害；④起重伤害；⑤触电；⑥淹溺；⑦灼烫；⑧火灾；⑨高处坠落；⑩坍塌；⑪冒顶片帮；⑫透水；⑬放炮；⑭火药爆炸；⑮瓦斯爆炸；⑯锅炉爆炸；⑰容器爆炸；⑱其他爆炸；⑲中毒和窒息；⑳其他伤害。

本手册中的职工伤亡事故分类是依据国家标准，结合发电企业生产过程中的实际情况，筛选了与发电企业有关的事故类别；并针对事故类别；按照各专业特点及典型作业场所进行安全风险辨识与防控。见表1-1。

表1-1 发电企业职工伤亡事故分类

序号	GB 6441—1986《企业职工伤亡事故分类》	人身安全风险防控类别
1	物体打击	物体打击防控
2	高处坠落	高处坠落防控
3	起重伤害	起重伤害防控
4	触电	触电防控
5	淹溺	淹溺防控
6	机械伤害	机械伤害防控
7	灼烫	灼烫伤防控

续表

序号	GB 6441—1986《企业职工伤亡事故分类》	人身安全风险防控类别
8	火灾	火灾防控
9	坍塌	坍塌防控
10	冒顶片帮	—
11	车辆伤害	车辆伤害防控
12	透水	—
13	放炮	—
14	火药爆炸	—
15	瓦斯爆炸	—
16	锅炉爆炸	爆炸防控
17	容器爆炸	
18	其他爆炸	
19	中毒和窒息	中毒和窒息防控
20	其他伤害	—

鉴于发电企业作业种类、作业场所众多，很难对所有作业点都进行安全风险辨识。本手册提供了火电 97 个典型作业现场和 541 个典型作业点、水电 50 个典型作业现场和 132 个典型作业点、风电 18 个典型作业现场和 76 个典型作业点的人身安全风险辨识。具体内容见附录一～附录三。

第二节 电力人身安全风险防控

发电企业是将一次能源（煤、水、风等）转换为二次能源（电能）的生产企业，如燃煤（油、气）发电、水力发电、风力发电企业等。在生产过程中，人们经常需要从事操作、维护和检修设备等各种各样的作业，作业中总会伴随着各类安全风险，如果安全风险辨识不清、控制措施不到位，风险将会演变为事故。

发电企业开展人身安全风险辨识与控制，就是要引导员工在日常工作中，根据作业内容、作业方法、作业环境、人员状况中可能危及人身或设备安全的风险因素，采取有针对性的防范措施，预防事故的发生，同时不断提高全体员工的安全意识和自我保护意识，实现超前预防与控制事故。

近年来，人们对事故的发生原因进行了积极的探索，实践证明，任何一起事故的发生都不是单一原因的结果。同样，任何一类现场人身安全风险的控制也不可能依靠单一因素来解决。不论现场的作业人员及场所如何复杂，从安全风险的系统控制内容来看，都应包括个人能力要求、个体防护要求、安全作业现场、安全作业行为四个方面。本手册针对每一类人身安全风险均从这四个方面提出了相应的防控措施。

1. 个人能力要求

个人能力要求是指个人从事本项工作的自身能力，包括身体条件、文化程度、专业技能等。由于从事的专业或工种不同，对个人能力的要求就不同。作业人员在每次接收工作任务时，必须检查个人能力能否满足此项工作的要求，这是作业前的必备条件。

2. 个体防护要求

个体防护要求是指防御物理、化学、生物等外界因素对人体造成伤害所需的防护用品。通常情况下，采取安全技术措施消除或减弱现场安全风险是发电企业现场控制现场安全风险的根本途径。但是在无法采取安全技术措施或采取安全技术措施后仍然不能避免事故、危害发生时，就必须采取个体防护措施，如安全帽、安全带、防护眼镜、防护手套、防护鞋、防护服等。由于工作任务或作业环境不同，对个体防护的要求就不同。作业人员进入现场前，必须根据工作任务或作业环境做好个体防护，并对照着装要求进行检查，保证满足作业现场的个体防护要求。

3. 安全作业现场

安全作业现场是对作业环境的安全基本要求，主要包括现场安全设施、安全警示标识、运行人员布置的安全措施、周边环境（井坑孔洞）等。作业前，必须对现场安全设施、周边环境（井坑孔洞等），以及运行人员布置的安全措施进行检查，确认满足安全作业现场的基本要求时，方可作业。

4. 安全作业行为

安全作业行为是指人员从事作业过程中的安全行为。事故统计资料表明，由人的不安全行为引发的事故约占 70%～75%。规范现场作业人员行为是所有人身风险管控手段中内容最丰富、难度最大的工作。此项工作应以反“违章指挥、违章作业和违反劳动纪律”为突破口，同时加强对遵守安全生产规程、制度和安全技术措施、安全工艺和操作程序，人员资质与持证上岗等内容的监督管理，提高作业人员安全意识的思想转变，建设企业安全文化，杜绝无知性违章和习惯性违章的发生。

（1）违章指挥。其主要是指生产经营单位的生产经营者违反安全生产方针、政策、法律、条例、规程、制度和有关规定指挥生产的行为。具体内容包括：不遵守安全生产规程、制度和安全技术措施或擅自变更安全工艺和操作程序，指挥者未经培训上岗，使用未经安全培训的劳动者或无专门资质认证的人员；指挥工人在安全防护设施或设备有缺陷、隐患未解决的条件下冒险作业；发现违章不制止等。

（2）违章作业。其主要是指现场操作工人违反劳动生产岗位的安全规章和制度，如安全生产责任制、安全操作规程、工人安全守则、安全用电规程、交接班制度等以及安全生产通知、决定等作业行为。具体内容包括：不遵守施工现场的安全制度，进入施工现场不戴安全帽、高处作业不系安全带和不正确使用个人防护用品；擅自动用机械、电气设备或拆改挪用设施、设备；随意爬脚手架和高空支架等。

（3）违反劳动纪律。其主要是指工人违反生产经营单位的劳动规则和劳动秩序，即违反单位为形成和维持生产经营秩序、保证劳动合同得以履行，以及与劳动、工作紧密相关的其他过程中必须共同遵守的规则。具体内容包括：不履行劳动合同及违约承担的责任，不遵守考勤与休假纪律、生产与工作纪律、奖惩制度、其他纪律等。

第三节 电力人身安全风险防控方法

电力生产安全管理工作实践证明，除了不可抗拒的自然灾害以外，任何风险都可以控制，所有事故都可以预防。大唐国际发电股份有限公司对控制人身安全风险进行了不断的探讨和研究，积累了大量的宝贵经验和方法，其中最有效的是“三讲一落实”班组安全管理方法。“三讲一落实”是指班组在组织生产工作过程中，在讲工作任务的同时，要讲作业过程的安全风险、讲安全风险的控制措施，抓好安全风险控制措施的落实。归纳为“讲任务、讲风险、讲措施，抓落实”。开展“三讲一落实”活动已成为现场人身安全风险防控的重要方法。目前，该方法已在中国大唐集团公司系统内广泛推广实施。其工作流程如下：

1. 讲任务（见图 1-1）

班组在组织生产工作过程中，班长每天应根据当前生产任务、现场实际情况及天气变化合理地安排工作任务。讲任务环节的基本要求是：任务要说清，职责要讲透，工作范围要明确。

2. 讲风险（见图 1-2）

工作任务和工作班成员确定后，工作负责人应组织工作班成员进行风险辨识，要针对典型作业现场、典型作业点，对照“生产现场风险辨识表”，结合现场实际情况进行风险辨识，保证作业全过程的安全风险不漏项。讲风险环节的基本要求是：安全注意事项要全，风险辨识要细。

3. 讲措施（见图 1-3）

安全风险确定后，工作班成员应针对每个风险，从“个人能力要求、个体防护要求、安全作业现场、安全作业行为”四个方面，结合现场实际情况制定相应的防控措施。讲措施环节的基本要求是：安全措施及风险控制要切实可行，不讲空话。

4. 抓落实（见图 1-4）

开工前，必须检查确认现场安全措施的有效落实。作业中，工作班成员必须规范作业行为，避免无知性违章和习惯性违章行为的发生。

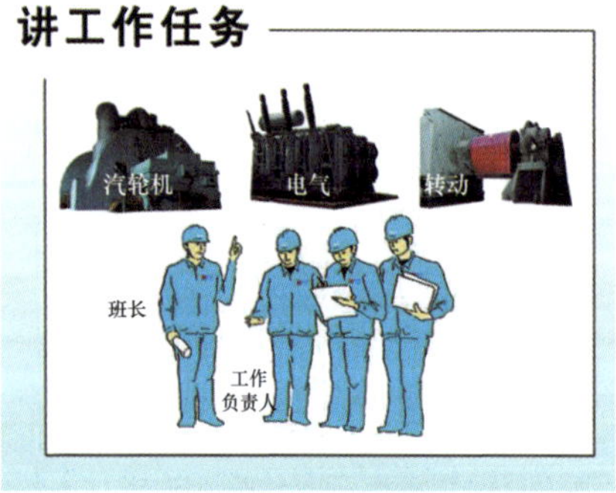

图 1-1

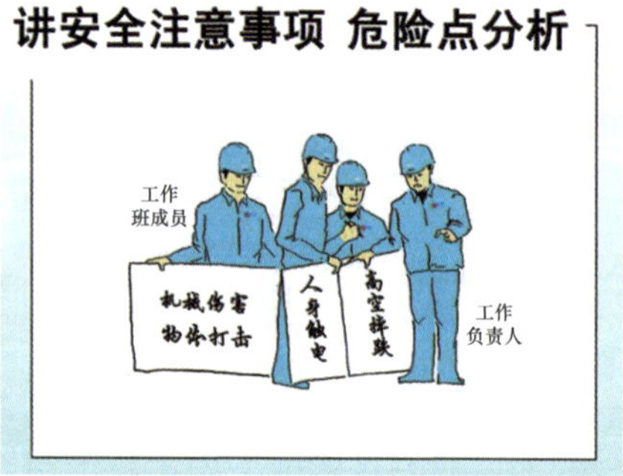

图 1-2

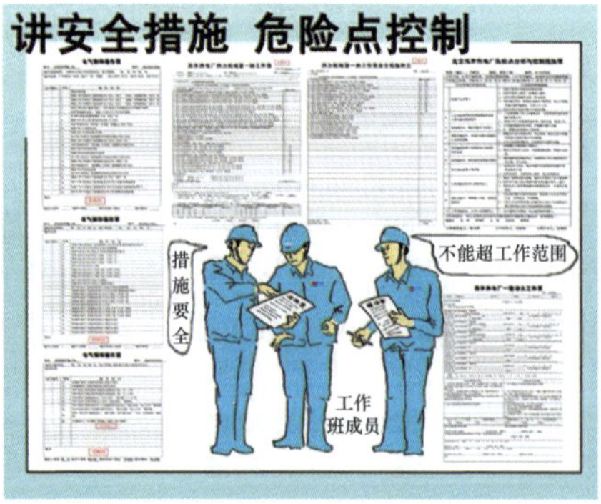

图 1-3

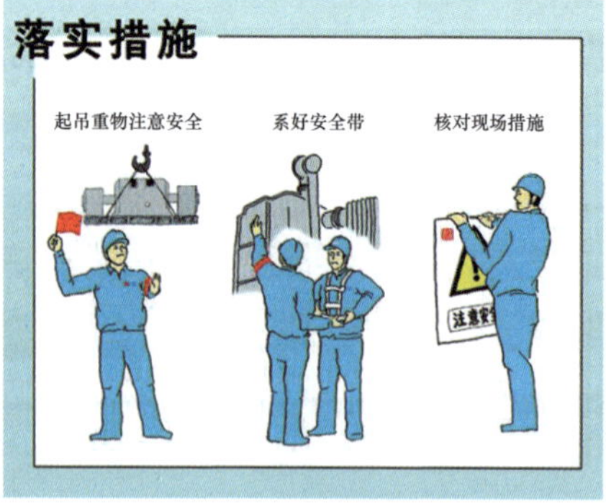

图 1-4

第二章 高处坠落防控

第一节 概　　述

高处作业是指距基准面 2m 及以上有可能坠落的场所进行的作业。高处作业包括高处安装、维护、拆除和登高架设作业等。其中，登高架设作业是指在高处从事脚手架、跨越架架设或拆除的作业。从 2m 及以上高处发生坠落的人身伤害事件，称为高处坠落。发电企业常见的高处坠落场所有脚手架上坠落、悬空坠落、临边坠落、洞口坠落、移动梯子上坠落、拆除作业坠落、踏穿不坚实作业面坠落，存在的主要安全风险有：

（1）登高禁忌症者从事高处作业，晕倒坠落。

（2）未系安全带或未正确佩戴安全带。见图 2-1。

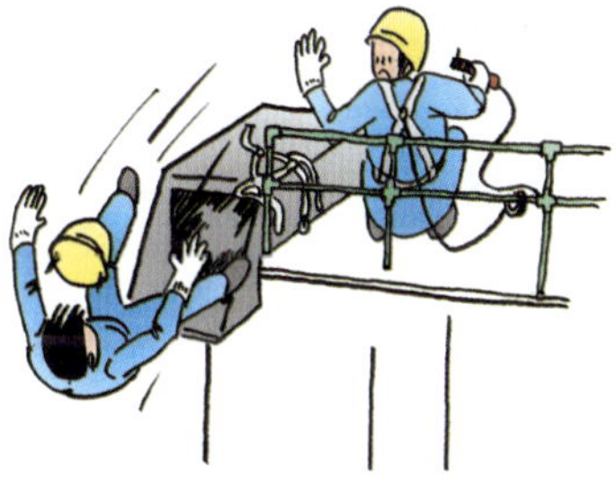

图 2-1

（3）高处未设防护栏杆、防护栏杆不合格或损坏，人员坐靠坠落。见图 2-2。

图 2-2

（4）高处作业人员探身或上下抛掷工具（物料）时失稳坠落。见图 2-3。

图 2-3

（5）登高用的支撑架（物）不稳倾倒坠落。见图 2-4。

图 2-4

（6）脚手架材质不合格、搭设不牢固或使用超载，架体坍塌坠落。见图 2-5。

图 2-5

（7）脚手架搭设无防护栏杆、脚手板未铺满或未固定等，人员踏空或失稳坠落。见图 2-6。

图 2-6

（8）悬空作业吊具（吊篮）断裂或安装不牢固坠落。见图 2-7。

图 2-7

（9）基坑（槽）临边无防护栏杆，行走踏空坠落。见图 2-8。

图 2-8

（10）在房（屋）子临边上作业时，无防护措施，人员滑倒或探身失稳坠落。见图 2-9。

图 2-9

（11）在建构（筑）物爬梯平台上，踏蹬防护栏杆作业，身体失稳坠落。见图 2-10。

图 2-10

（12）在构架梁上或管道上行走或作业时，未系安全带，身体失稳坠落。见图 2-11。

图 2-11

（13）洞口盖板未盖实或无盖板，人员行走踏空坠落。见图 2-12。

图 2-12

（14）洞口盖板掀开后，未装设防护栏杆或设非刚性栏杆，身体失稳坠落。见图 2-13。

图 2-13

（15）使用不合格的梯子、梯子支放不当或无人扶持，身体失稳坠落。见图 2-14。

图 2-14

（16）拆除工程无安全防护措施或拆除工序颠倒，建（构）筑物倒塌坠落。见图 2-15。

图 2-15

（17）作业面（如石棉瓦、铁皮板、采光浪板、装饰板等）的强度不足，踩塌坠落。见图 2-16。

图 2-16

（18）遇大雾、雨雪天气或 6 级及以上大风等恶劣天气，室外高处作业。

第二节　个人能力与防护

一、个人能力要求

（1）高处安装、维护、拆除作业必须经过专业技能培训，并应取得《特种作业操作证》（高处作业）。见图 2-17。

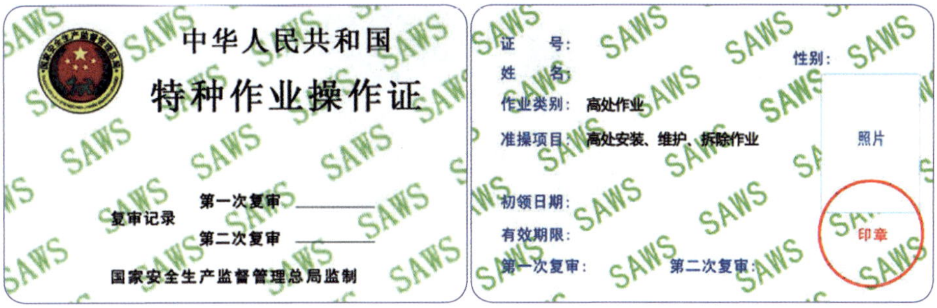

图 2-17

（2）登高架设作业人员必须经过专业技能培训，并应取得《特种作业操作证》（高处作业）。见图 2-18。

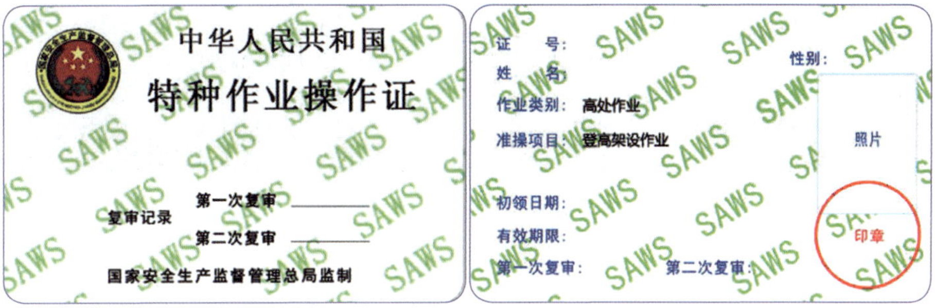

图 2-18

（3）搭设炉内升降平台的人员必须经过专业技能培训和考试，合格后方准作业。

（4）炉内升降平台、吊篮的操作人员必须经过技术培训和考核合格并取得有效证书。

（5）《特种作业操作证》是由国家安全生产监督管理总局统一印制，各省级安全生产监督管理部门负责本辖区的培训和发证。有效期为 6 年，每 3 年复审一次。

（6）高处作业人员必须经县级及以上医疗机构体检合格。凡患有高血压病、心脏病、贫血病、精神病、癫痫病等人员均不得上岗作业。

二、个体防护要求

高处作业个体防护用品主要有安全带、安全绳、防滑鞋。

1. 安全带

安全带是由织带、绳索和金属配件等组成。主要部件包括安全绳、吊绳、围杆带、护腰带、金属配件、自锁钩带、缓冲器、防坠器。检验周期为 6 个月。见图 2-19。

图 2-19

使用安全带时，必须将安全带系在牢固的构件上，高挂低用，不得将绳打结使用。当安全带系绳超过 3m 时，应采用带有缓冲器装置的专用安全带，必要时可联合使用缓冲器、自锁钩、速差式自控器，见图 2-20 ～图 2-22。

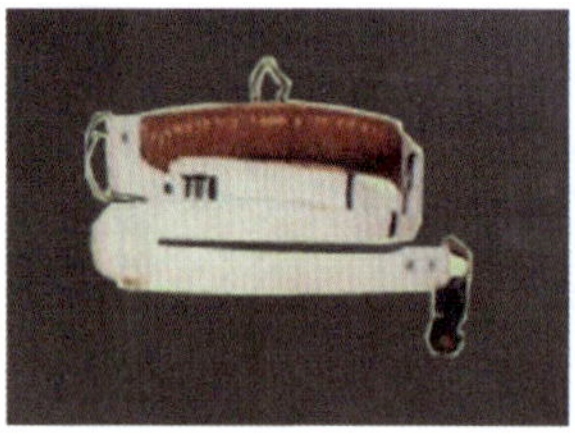

图 2-20

图 2-21

图 2-22

2. 安全绳

安全绳是用于挂安全带配套使用的长绳或水平安全绳。一般系吊用的安全绳采用合成纤维绳，水平安全绳采用钢丝绳，检验周期为 6 个月。见图 2-23 和图 2-24。

图 2-23

图 2-24

在高处特殊的危险场所（如构架梁上）作业时，作业人员必须将安全带挂在水平安全绳上。

在向上开口容器内或悬空作业时，作业人员必须将安全带挂在垂直安全绳上，同一条垂直安全绳上不得拴挂两个及以上安全带。

3. 防滑鞋

防滑鞋的鞋底宜采用凹凸波浪的橡胶材质，鞋底花纹必须起到防滑作用，符合国家劳动保护标准。见图 2-25。

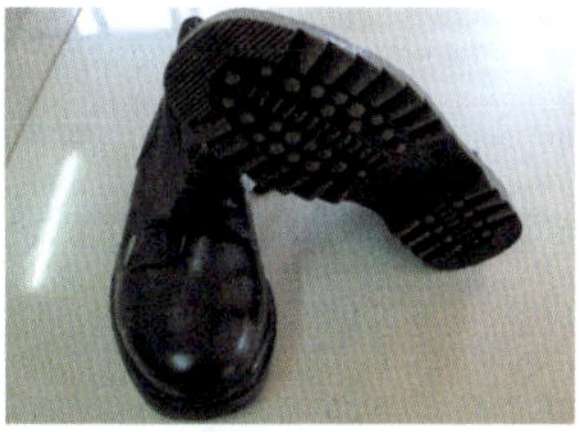

图 2-25

三、着装要求

高处作业人员必须戴好安全帽，穿好工作服、防滑鞋，佩戴安全带。见图 2-26。

图 2-26

第三节 脚手架上坠落防控

脚手架是专为高处作业人员搭设的临时架构。按搭设材质分为钢质脚手架、竹质脚手架、木质脚手架。目前经常使用的是钢质脚手架。在脚手架上作业可能发生坠落的人身伤害事件，称为脚手架上坠落。

一、安全作业现场

1. 脚手架体的搭设基本要求（见图 2-27）

（1）钢管采用外径为 48mm、壁厚为 3.0 ～ 3.5mm 的焊接钢管或无缝钢管。钢管应平直，平直度允许偏差为管长的 1 / 500；两端面应平整，不应有斜口、毛口。

（2）钢管脚手架扣件。扣件必须有出厂合格证明或材质检验合格证明。

（3）钢管脚手架铰链。用于搭设脚手架的不准使用脆性的铸铁材料。

（4）扫地杆。纵向扫地杆采用直角扣件固定在距基准面 200mm 内的立杆上；横向扫地杆则用直角扣件固定在紧靠纵向扫地杆下方的立杆上。

（5）立杆。立杆底端应埋入地下，遇松土或无法挖坑时必须绑设地杆。竹质立杆必须在基坑内垫以砖石。金属管立杆应套上柱座（底板与管子焊接制成），柱座下垫有垫板。立杆纵距应满足以下要求：

1）架高 30m 以下，单立杆纵距为 1800mm；

2）架高为 30 ～ 40m，单立杆纵距为 1500mm；

3）架高为 40 ～ 50m，单立杆纵距为 1000mm，双立杆纵距为 1800mm。

（6）搭设时应超过施工层一步架，并搭设梯子，梯凳间距不大于 400mm。

（7）剪刀撑。与地面夹角为 45° ～ 60° ，搭接长度不小于 400mm。

（8）施工层。设 1200mm 高防护栏杆，必要时在防护栏与脚手板之间设中护栏。设 180mm 踢脚板，踢脚板与立杆固定。

（9）脚手板。木质板厚不低于 50mm。脚手板应满铺、板间不得有空隙，板子搭接不得小于 200mm，板子距墙空隙不得大于 150mm，板子跨度间不得有接头。

（10）脚手架搭设。应装有牢固的梯子，用于作业人员上下和运送材料。

（11）安全网。施工层下面应设安全平网，外侧用密目式安全立网全封闭。

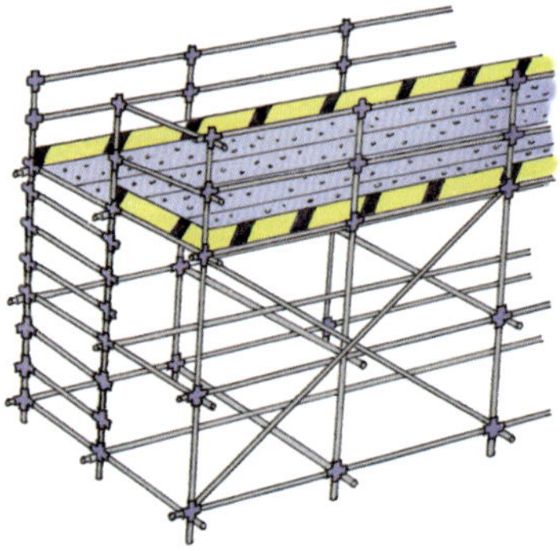

图 2-27　脚手架搭设

2. 脚手架的验收要求

搭设脚手架的过程中（未验收前），必须在架体上悬挂“脚手架禁用牌”警告牌。搭设结束后，必须履行脚手架验收手续，填写脚手架验收单，并在“脚手架验收单（见表 2-1）”上签字。验收合格后应在脚手架上悬挂“脚手架准用牌（见表 2-2）”，方准使用。

表 2-1　　　　脚手架验收单

<table>
<tr><td>项目名称</td><td colspan="2"></td><td>搭设时间</td><td></td></tr>
<tr><td>搭设单位</td><td colspan="2"></td><td>工作负责人</td><td></td></tr>
<tr><td>搭设位置</td><td colspan="4"></td></tr>
<tr><td>使用日期</td><td colspan="4"></td></tr>
<tr><td rowspan="3">搭设单位验收意见</td><td colspan="2">班组验收意见
签名：
日期：</td><td rowspan="3">使用单位验收意见</td><td>班组验收意见
签名：
日期：</td></tr>
<tr><td colspan="2">车间验收意见
签名：
日期：</td><td>车间验收意见
签名：
日期：</td></tr>
<tr><td colspan="2">部门（公司）意见
签名：
日期：</td><td>部门（公司）意见
签名：
日期：</td></tr>
<tr><td>设备部意见</td><td colspan="2">签名：
日期：</td><td>安监部意见</td><td>签名：
日期：</td></tr>
<tr><td>厂（公司）领导意见</td><td colspan="4">签名：　　　　　日期：</td></tr>
<tr><td>脚手架高度</td><td>5m 以下（　）</td><td>5 ～ 15m（　）</td><td>15 ～ 30m（　）</td><td>30m 以上（　）</td></tr>
<tr><td colspan="5">详细检查下列项目是否安全，符合要求</td></tr>
<tr><td>栏杆</td><td colspan="2"></td><td>剪刀撑</td><td></td></tr>
<tr><td>梯子</td><td colspan="2"></td><td>立杆的垫板</td><td></td></tr>
<tr><td>横杆</td><td colspan="2"></td><td>脚手板</td><td></td></tr>
<tr><td>立杆</td><td colspan="2"></td><td>安全通道</td><td></td></tr>
<tr><td>扣件</td><td colspan="2"></td><td>踢脚板</td><td></td></tr>
<tr><td>与建筑物连接</td><td colspan="2"></td><td>其他</td><td></td></tr>
<tr><td colspan="5">备注：</td></tr>
</table>

表 2-2　　脚手架准用牌

脚手架名称		脚手架编号	
搭建单位		搭建负责人	
验收单位		验收负责人	
使用单位		使用负责人	
承载能力（kN/m^2）		使用期限	
延期期限		备注	

二、安全作业行为

（1）脚手架上的作业人员必须戴好安全帽、系好安全带、穿好防滑鞋。

（2）同一架体上的作业人数一般为 2 人，必须超过 2 人的情况下不得超过 9 人。

（3）安全带必须挂在架体高处，严禁低挂高用。见图 2-28。

图 2-28

（4）上下脚手架应走人行通道或梯子，严禁攀登架体。见图 2-29。

图 2-29

（5）严禁站在脚手架的探头板上作业。见图 2-30。

图 2-30

（6）严禁在脚手架上探身作业。

（7）严禁在脚手板上登在木桶、木箱、砖及其他建筑材料等作业。

（8）严禁在架子上退着行走或跨坐在防护横杆上休息。见图 2-31。

图 2-31

（9）严禁在脚手架上抛掷工具、物料等。

（10）严禁在脚手板上聚集人员。

（11）架板上应保持清洁，随时清理冰雪、杂物等。严禁乱堆乱放物料等。见图 2-32。

图 2-32

（12）遇大雾、雨、雪天气或 6 级及以上大风时，严禁在脚手架上作业。

第四节 悬空坠落防控

悬空作业是指在无立足点或无牢靠立足点的条件下进行的高处作业，或指在工作点活动面积小、四边临空的条件下进行的高处作业。悬空作业可能发生坠落的人身伤害事件，称为悬空坠落。发电企业常见的悬空作业场所有吊篮、高空作业车、炉内检修升降平台等。

一、吊篮

吊篮是悬挂机构设于建筑物上，提升机驱动悬吊平台通过钢丝绳沿立面升降运行的一种悬挂设备。它是由悬吊平台、悬挂机构、提升机、安全锁、工作钢丝绳、安全钢丝绳、电控系统组成。见图 2-33。

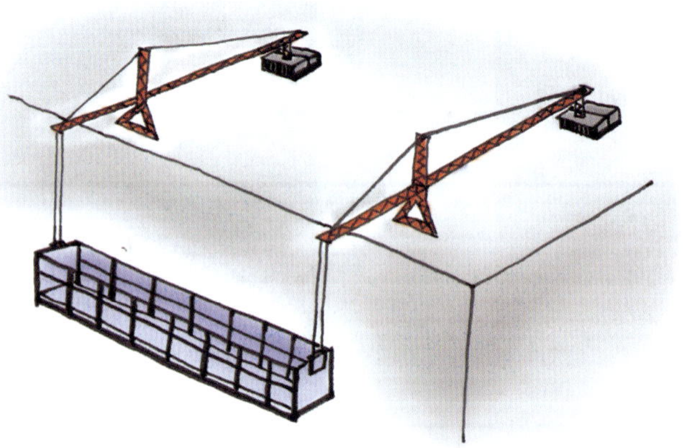

图 2-33

（一）安全作业现场

1. 吊篮的安全基本要求

（1）必须使用具有吊篮生产许可证、产品合格证和检验合格证的产品，并有出厂报告。

（2）吊篮平台长度不宜超过 6000mm，并装设防护栏杆。靠建筑物一侧栏高不应低于 800mm，其余侧面栏高均不得低于 1100mm，护栏应能承受 1000N 水平移动的集中载荷。栏杆底部应装设高 180mm 踢脚板。见图 2-34。

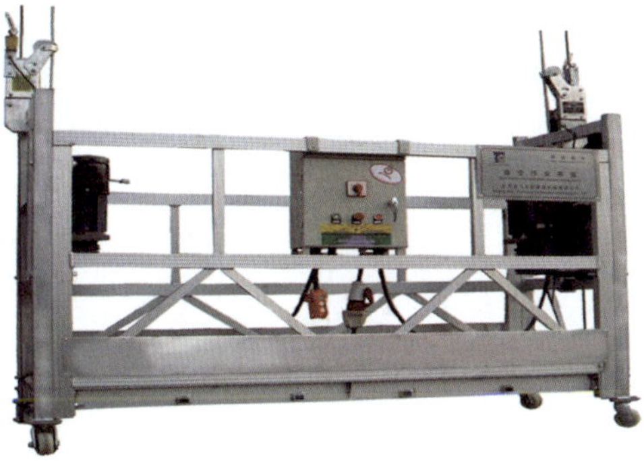

图 2-34

（3）吊篮门应向内开，并安装有门与吊篮的电气联锁装置。

（4）悬臂机构的前、后支架及配重铁必须放在屋顶上，每台吊篮 2 支悬臂，配重应满足吊篮的安全使用要求。

（5）吊篮钢丝绳不应与穿墙孔、吊篮的边缘、房檐等棱角相摩擦，其直径应根据计算决定。吊物的安全系数不小于 6，吊人的安全系数不小于 14。

（6）使用手搬葫芦应装设防止吊篮平台发生自动下滑的闭锁装置。

（7）吊篮必须装设独立的安全绳，安全绳上必须安装安全锁。见图 2-35。

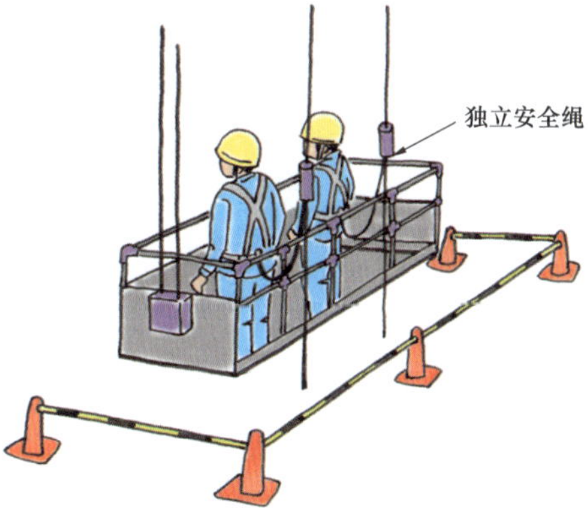

图 2-35

（8）吊篮必须装设上下行程限位开关和超载保护。

（9）电动提升机构应配有两套独立的制动器。

（10）操作装置应安装在吊篮平台上，操作手柄上应有急停按钮。

（11）吊篮平台应在明显处标明最大使用荷载。

（12）企业必须制订吊篮使用规定，并挂在现场。

（13）吊篮上的电气设备必须具有防水措施。

（14）超高空作业（如烟囱防腐等）必须装设摄像头监控，覆盖画面应包括吊篮作业面及吊篮承重架的关键部位，保证实时跟踪监控。见图 2-36。

图 2-36

2. 吊篮检验的基本要求

（1）吊篮安装结束后，必须由具有资质的单位进行检验。

（2）吊篮应作 1.5 倍静荷重试验及装载超过工作荷重 10% 的动荷重试验，采用等速升降法。

（3）吊篮升降试验正常，安全保护装置灵敏、可靠。

（4）吊篮检验合格，且出具检验报告后，方准使用。

（5）吊篮钢丝绳使用以后每月应至少检查 2 次。

（二）安全作业行为

（1）吊篮每天使用前，应核实配重和检查悬挂机构，并空载运行，确认设备正常。

（2）未取得《特种作业操作证》（高处作业）人员，严禁在吊篮内高处作业。

（3）吊篮内的作业人员必须穿好工作服、防滑鞋。见图 2-37。

图 2-37

（4）吊篮作业下部区域内应设置警戒线，醒目处挂有“严禁入内”警示牌，并设专人看护。见图 2-38。

图 2-38

（5）严禁使用麻绳吊吊篮。

（6）吊篮上的操作人员应配置独立于悬吊平台的安全绳，安全带必须挂在安全绳上，严禁挂在吊篮上或升降用的钢丝绳上。见图 2-39。

图 2-39

（7）吊篮内一般应 2 人作业，不得单独 1 人作业。见图 2-40。

图 2-40

（8）作业人员必须在地面上进出吊篮，严禁空中攀爬吊篮。见图 2-41。

图 2-41

（9）吊篮内的人员和物料应对称分布，保持平衡，严禁偏载或超载使用。见图 2-42。

图 2-42

（10）作业人员必须佩戴工具袋，工具、零件、材料等应随手放入袋内。

（11）吊篮内严禁使用梯子、凳子、垫脚物等进行作业。见图 2-43。

图 2-43

（12）不得将两个或几个吊篮连在一起同时使用。见图 2-44。

图 2-44

（13）吊篮内焊接作业时，必须对吊篮、钢丝绳进行防护。严禁用吊篮作为电焊接地线回路。见图 2-45。

图 2-45

（14）吊篮在正常使用时，严禁使用安全锁制动。

（15）吊篮悬空突然停电时，应手动操作吊篮慢慢降落。严禁人为使用电磁制动器自滑降。见图 2-46。

图 2-46

（16）严禁使用自制吊篮。见图 2-47。

图 2-47

（17）严禁采用起重机械吊吊篮的方式进行作业。见图 2-48。

图 2-48

（18）吊篮作业现场的照明不充足时，严禁作业。

（19）收工时必须将吊篮降至地面，切断电源。严禁吊篮高空停放。见图 2-49。

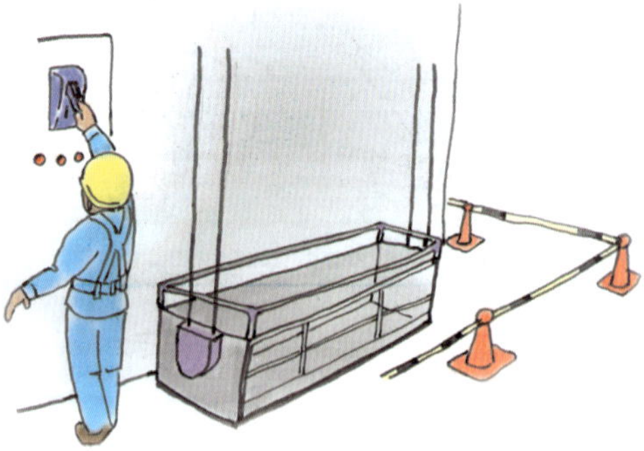

图 2-49

（20）遇雨雪、大雾、风力达 5 级及以上等恶劣气候时，严禁使用吊篮作业。见图 2-50。

图 2-50

二、高空作业车

高空作业车是指 3m 及以上能够上下举升进行作业的一种车辆。 见图 2-51。

图 2-51

（一）安全作业现场

（1）高空作业车的工作斗、工作臂及支腿应有反光安全标识。

（2）高空作业车应配备三角垫木 2 块、支腿垫木 4 块。

（3）作业区域内应设置警戒线，并设专人监护。

（4）作业停车位置应选择坚实地面，整车倾斜度不大于 3° ，并开启警示闪灯。

（5）作业前应先将支腿伸展到位并放下，并在支腿下垫放枕木或钢板垫。见图 2-52。

图 2-52

（6）坡道停车时，只能停于 7° 以内的斜坡，拉起手刹，且轮胎下支放三角垫木。见图 2-53。

图 2-53

（7）坡道支支腿时，应先支低坡道侧支腿，后支高坡道侧支腿。收支腿时与此相反。见图 2-54。

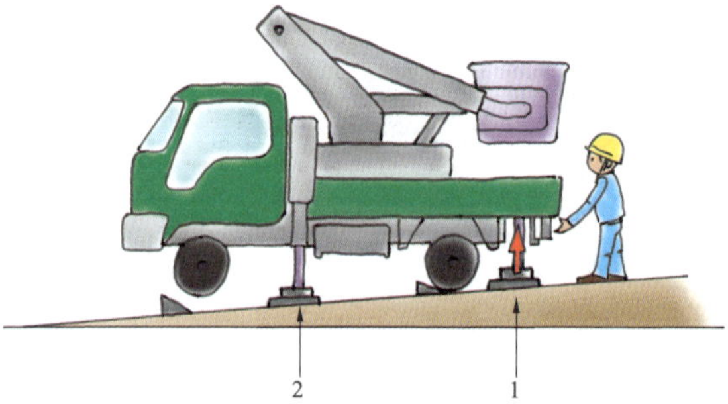

图 2-54

1—高坡道侧支腿；2—低坡道侧支腿

（二）安全作业行为

（1）高空作业车司机必须持有驾驶证、特种设备作业人员证。

（2）吊装前应先支好支腿、试车，确认设备正常。

（3）在高压电气设备上作业时，车体必须可靠接地，并设电气人员监护。见图 2-55。

图 2-55

（4）高空作业车的工作斗内不得超过 2 人。

（5）安全带必须挂在工作斗内的安全搭扣上。见图 2-56。

图 2-56

（6）工作斗内不得使用梯子、凳子或垫脚物等，不得踩踏在工作斗上作业。见图 2-57。

图 2-57

（7）严禁超载使用。

（8）工作结束后必须将工作斗、工作臂复位，收起支腿。严禁工作斗悬在高空。

（9）遇雨雪、大雾、风力达 5 级及以上等恶劣气候时，严禁作业。

三、炉内升降平台

炉内升降平台是专为炉膛内检修或检查设备所搭设的升降工作平台（简称炉内平台）。炉内平台由主平台、提升装置、安全保护装置、电气系统等组成。

（一）安全作业现场

1. 炉内平台搭设基本要求

（1）平台框架。主、副梁应满足承重要求，不得有变形、开焊或开裂，连接螺丝孔不得有扩大变形，且连接紧固。

（2）主平台。脚手板应满铺平整，用压板压实；平台临空侧应装设防护栏杆，平台周边装设限位导向轮。

（3）提升装置。

1）钢丝绳。钢丝绳与平台垂直固定，不得与穿墙孔、吊篮的边缘、房檐等棱角相摩擦，距作业点较近的地方应用石棉布等隔绝材料缠绕绑扎，不得扭结使用。吊物的安全系数不小于 6，吊人的安全系数不小于 14。

2）导向滑轮必须安装牢固，且滑轮与钢丝绳导向顺畅。

3）钢丝绳与搭好的炉膛脚手架连接应采用不少于 3 个绳卡固定牢固。

（4）卷扬机。必须固定在牢固的地锚或建筑物上，固定处耐拉力必须大于设计荷重的 5 倍。钢丝绳端部与滚筒固定牢固，滚筒上钢丝绳的安全圈不少于 5 圈。并装设防止钢丝绳滑脱滚筒保护装置及安全制动装置。

（5）安全保护装置。

1）装设断绳保护器。

2）装设超载保护。

3）装设上下限位器。

4）在炉膛外部的固定端必须引出独立安全绳，安全带挂在安全绳上。

（6）电气设备。

1）电源必须装有自动空气开关和漏电保护器，容量应满足要求。

2）操作装置应安装在炉内平台上，操作手柄上应有急停按钮。

3）炉内照明必须充足，满足炉内平台作业的要求。

4）炉内平台的电气操作盒必须做好防水措施。见图 2-58。

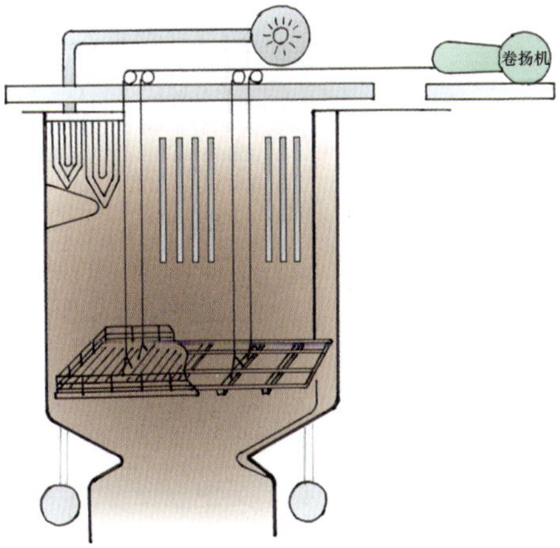

图 2-58

2. 炉内平台检验基本要求

（1）炉内平台搭设结束后，必须经搭设单位、使用单位、设备管理部门、安全监察部门、总工程师及以上厂级领导进行验收。必要时应由质量技术监督部门进行验收，合格后方准挂牌使用。

（2）炉内平台必须做额定起重量 125%的静载试验和 110%的动载试验。

（3）炉内平台钢丝绳使用以后每月应至少检查 2 次。

（二）安全作业行为

（1）炉内平台应由有资质单位搭设，搭设人员应持有《特种设备作业人员证》。

（2）搭设炉内平台时，严禁上下交叉作业。见图 2-59。

图 2-59

（3）在炉内平台上作业时，必须佩戴工具袋。严禁上下抛掷工具或材料，对大件工具、材料应用绳子系牢传递。见图 2-60。

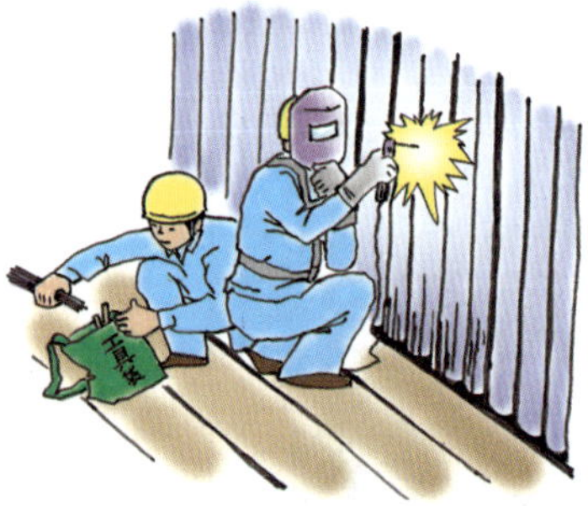

图 2-60

（4）炉内平台上的作业人员必须佩戴安全带，安全带挂在安全绳上。严禁挂在平台上。见图 2-61。

图 2-61

（5）在使用炉内平台过程中遇有卡涩现象时，必须立即停止升降，查明原因、及时处理。

（6）炉内平台上的作业人数不应超过 9 人，严禁 1 人独自在炉内平台上作业。

（7）未经操作人许可，任何人不得随意进入炉内平台上。见图 2-62。

图 2-62

（8）炉内平台上有人作业时，必须设专人监护。卷扬机处也应设专人监护，且保证通信畅通。见图 2-63。

图 2-63

（9）炉内平台验收合格后，任何人不得擅自变动其结构，必须变动时应重新履行验收手续。

（10）进入炉内平台前，应检查燃烧室大块焦渣情况，及时清除落在平台上的灰焦渣。

（11）炉内平台的操作盒电缆不得拖曳、磨损。见图 2-64。

图 2-64

（12）炉内平台使用前必须试车，保证刹车装置、安全装置及各限位器灵敏可靠。

（13）炉内平台上堆积材料或物品不得超载，更不得集中堆放。见图 2-65。

图 2-65

（14）炉内平台上不得放置检修电源箱、电焊机、氧气和乙炔气瓶等。见图2-66。

图 2-66

（15）拆除炉内平台时，应按顺序拆除，拆下的材料应随时运出炉膛。

（16）拆除后的炉内平台组件须做全面检查，对有缺陷、损伤的及时处理，并妥善保管。

第五节 临边坠落防控

临边作业是指工作面边缘没有围护设施或围护设施高度低于800mm时的高处作业，例如沟、坑、槽边，深基础周边，屋面边等。在临边处作业可能发生坠落的人身伤害事件，称为临边坠落。发电企业常见的临边作业场所有基坑（槽）临边作业、屋（楼）面檐口作业、爬梯平台上作业、构架梁（管）上作业。

一、基坑（槽）临边作业

（一）安全作业现场（见图2-67）

（1）基坑临边防护一般采用钢管（ϕ48×3.5）搭设带中杆的防护栏杆。

（2）立杆。立杆与基坑边坡距离不小于500mm，高度为1200mm，埋深500～800mm。

（3）横杆。上杆距地高度为1200mm，下杆距地高度为600mm。

（4）踢脚板。防护外侧设置高180mm踢脚板。

（5）防护围栏外侧悬挂安全警示牌，必要时内侧满挂密目安全网。

（6）夜间设红灯示警。

图2-67

（二）安全作业行为

（1）基坑（槽）开挖临边必须设置牢固的防护栏杆，严禁用绳子、布带等软连接围成。见图 2-68。

图2-68

（2）基坑（槽）开挖必须采取放边坡或支护等方法，防止临边坍塌坠落。见图 2-69。

图2-69

（3）上下基坑（槽）必须使用马道或专用梯子。严禁攀登水平支撑或撑杆。见图 2-70。

图 2-70

（4）严禁人员坐靠在防护栏杆上。见图 2-71。

图 2-71

二、屋（楼）面檐口作业

屋（楼）面檐口作业是指在建筑物的屋（楼）顶边缘处从事的作业。

（一）安全作业现场（见图 2-72）

（1）屋（楼）顶边防护栏杆一般采用钢管（$\phi 48\times 3.5$）搭设，采用三道防护栏杆。

（2）立杆。立杆距屋面边不小于 500mm，高度不小于 1200mm，立杆间距不大于 2000mm。

（3）横杆。上杆距地高度为 1200mm，中间杆距地高度为 600mm，下杆距地高度 150mm。

（4）踢脚板高度为 180mm。

（5）在屋面四角临边设 45° 斜杆各 4 根，下部与预埋件连接。

（6）坡度大于 1∶2.2 的屋（楼）面，防护栏杆距地高度为 150mm，横杆长度大于 2000mm 时，必须加设斜栏杆柱。

（7）必要时，临空一面应装设安全网，防护栏杆的内侧满挂密目安全网。

（8）作业现场无杂物堆放、电源接线规范、照明充足。

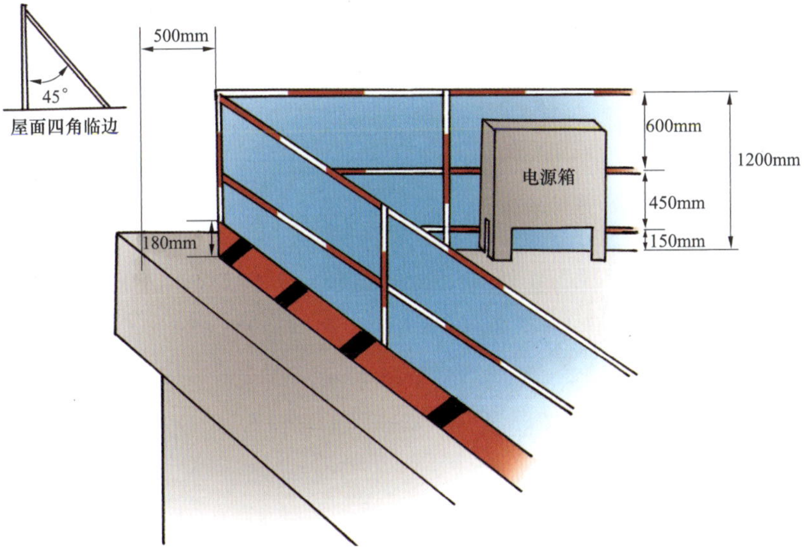

图 2-72

（二）安全作业行为

（1）在屋(楼）面上作业时，必须穿好防滑鞋，设专人监护。严禁单人作业。

（2）当屋（楼）面坡度大于 25° 时，必须采取防滑坠落措施。

（3）在屋（楼）面作业时，严禁背向檐口移动。见图 2-73。

图 2-73

（4）严禁在屋（楼）顶檐口处探身作业。见图 2-74。

图 2-74

（5）遇雨雪、大雾或风力达 5 级及以上等天气时，严禁在屋（楼）面上作业。

三、爬梯平台上作业

爬梯是指人们上下攀爬的梯子。人在攀爬梯子过程中的休息平台或空中作业平台，称为爬梯平台。

（一）安全作业现场（见图 2-75）

（1）爬梯平台必须设置固定的 3 道钢质防护栏杆。

（2）立杆。立杆间距不大于 2000mm。

（3）横杆。上杆距平台面 1200mm，中间杆距平台面 600mm，下杆距平台面 200mm。

（4）爬梯平台上必须设高 100mm 踢脚板。

（5）爬梯平台用螺纹钢筋隔距、等距焊接牢固，或用格栅板、铁板满铺。

（6）必要时爬梯平台上装设固定的照明灯具。

（7）爬梯高于地面 2.4m 以上的部分应设有护圈。

图 2-75

（二）安全作业行为

（1）上下爬梯必须抓牢，不得两手同时抓一个梯阶。

（2）作业人员必须佩戴工具袋，用完的工具应随手装入袋内，不得放在爬梯平台上。见图 2-76。

图 2-76

（3）严禁人员坐靠在爬梯防护栏杆上。见图 2-77。

图 2-77

（4）防护栏杆上不得拴挂任何物件。见图 2-78。

图 2-78

（5）防护栏杆严禁作为起吊承载杆。见图 2-79。

图 2-79

（6）作业中需要拆除防护栏杆时，必须采取可靠的临时防护措施，作业结束后应及时恢复。见图 2-80。

图 2-80

（7）严禁在无防护栏杆或无临时防护措施的爬梯平台上作业。见图 2-81。

图 2-81

（8）严禁蹬踩或跨越防护栏杆作业。见图 2-82。

图 2-82

（9）爬梯平台上的杂物应及时清理，严禁随意堆放物件。见图 2-83。

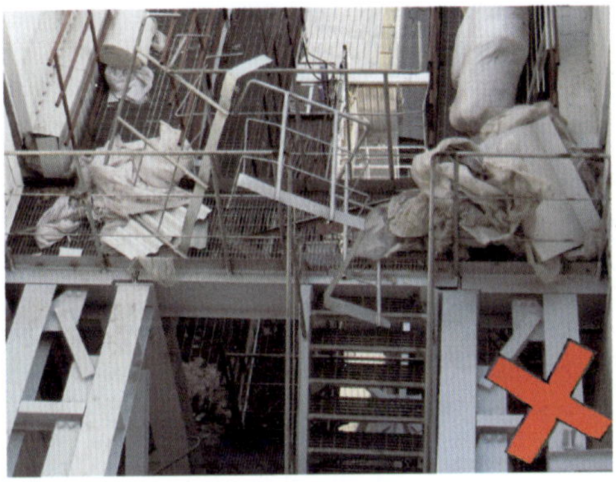

图 2-83

四、构架梁（管）上作业

构架梁（管）上作业是指在高于 2m 及以上悬空梁（管）架上，且无任何防护设施的场所处的作业。

（一）安全作业现场（见图 2-84）

（1）在构架梁上作业前，必须装设水平安全绳。安全绳宜采用带有塑胶套的纤维芯钢丝绳，并有生产许可证和产品合格证。

（2）水平安全绳两端应固定在牢固的构架上，与构架棱角的相接触处应加衬垫。

（3）水平安全绳应贯穿于构架梁（管），且用钢丝绳卡固定，绳卡数量应不少于 3 个，绳卡间距不应小于钢丝绳直径的 6 倍。

（4）水平安全绳固定高度为1100～1400mm，每间隔2000mm应设一个固定支撑点，钢丝绳固定后弧垂应为10～30mm。

（5）水平安全绳固定好后，应在绳上每隔2000mm拴一道红色布带，作为提示标志。

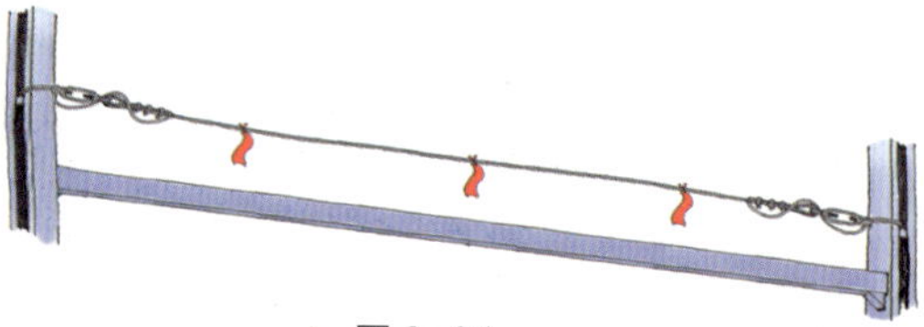

图2-84

（二）安全作业行为

（1）水平安全绳必须使用钢丝绳，严禁用棕麻绳或纤维绳等来代替。见图2-85。

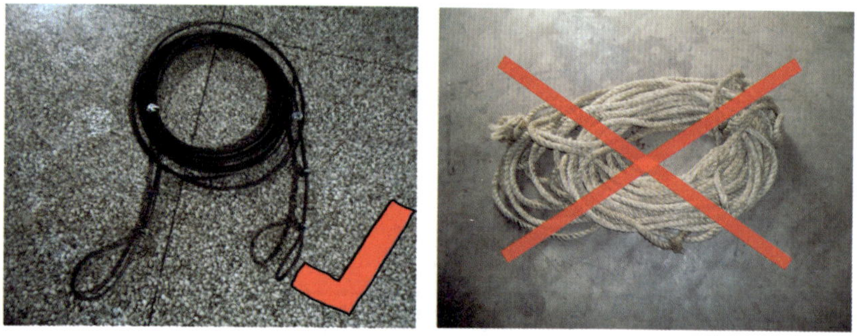

图2-85

（2）在构架梁（管）上作业时，必须系好安全带，安全带应挂在水平安全绳上。移动或行走时必须使用双绳安全带。见图2-86。

图2-86

（3）攀登构架时，必须将防坠器挂在垂直安全绳上，安全带挂在防坠器上。

（4）构架梁上未装设水平安全绳，严禁行走或作业。见图 2-87。

图 2-87

第六节 洞口坠落防控

洞口作业是指距水平面的深度 2m 及以上的孔洞临边处的作业。洞口作业包括井、孔与洞，在井、孔与洞口临边处作业有可能发生坠落的人身伤害事件，称为洞口坠落。发电企业常见的洞口作业场所有起吊口、竖井口、预留口、污水井口、热水井口、阀门井口等。

一、安全作业现场

（1）洞口必须用坚实的盖板盖好，盖板表面应刷黄黑相间的安全警示线。见图 2-88。

图 2-88

（2）洞口盖板掀开后，应在周边搭设牢固的防护围栏。防护围栏应满足以下安全要求（见图 2-89）。

1）洞口周边用钢管（$\phi 48 \times 3.5$）搭设带中杆的防护栏杆。

2）防护栏杆距洞口边不小于 500mm。

3）立杆。高度为 1200mm。洞口尺寸不大于 2000mm 时，中间设一道立杆；洞口尺寸大于 2000mm 时，立杆间距不大于 1200mm。

4）横杆。上杆距基准面 1200mm，中间杆距基准面 600mm，下杆距基准面 150mm。

5）踢脚板。高度为 180mm。

6）必要时在防护栏杆外侧挂密目安全网。

7）悬挂安全警示牌，夜间装设红灯警示灯。

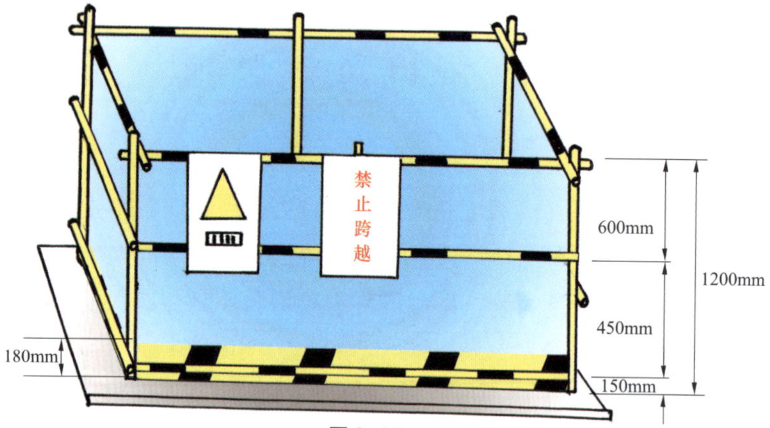

图 2-89

二、安全作业行为

（1）设置起吊口必须履行有关审批手续。严禁随意设置起吊口。

（2）发现洞口盖板缺失、损坏或未盖好时，必须立即盖好。见图 2-90。

图 2-90

（3）严禁采用强度不合格的材料当作盖板使用。见图 2-91。

图 2-91

（4）洞口盖板掀开后，必须搭设牢固的防护围栏，未搭设前应设专人监护。见图 2-92。

（a）

（b）

图 2-92

（5）严禁使用麻绳、尼龙绳等软连接来代替防护围栏。见图 2-93。

图 2-93

（6）严禁人员坐靠在洞口处作业。见图 2-94。

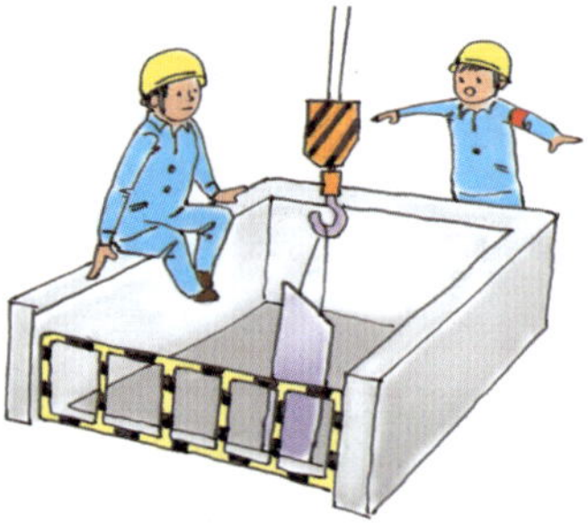

图 2-94

（7）检修期间需拆除防护栏杆时，必须装设牢固的临时遮栏，并设警告标志。待检修结束后应及时恢复。

第七节　梯子上坠落防控

移动梯子是指临时登高用的直梯、人字梯、软梯等。在梯子上作业可能发生坠落的人身伤害事件，称为梯子上坠落。

一、安全作业现场

（1）梯子应半年检验一次，并贴有“检验合格证”标签。

（2）两梯柱的内侧净宽度应不小于 280mm。

（3）踏板上下间距以 300mm 为宜，不得有缺档。

（4）梯子必须装设止滑脚。

（5）直梯支设角度以 60° ～ 70° 为宜，且上端应放置牢靠。见图 2-95。

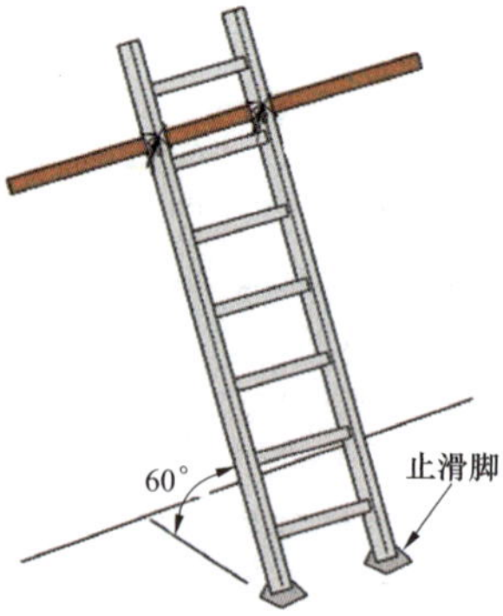

图 2-95

（6）人字梯应具有坚固的铰链和限制开度的拉链，梯子支设夹角以35°～45°为宜。见图 2-96。

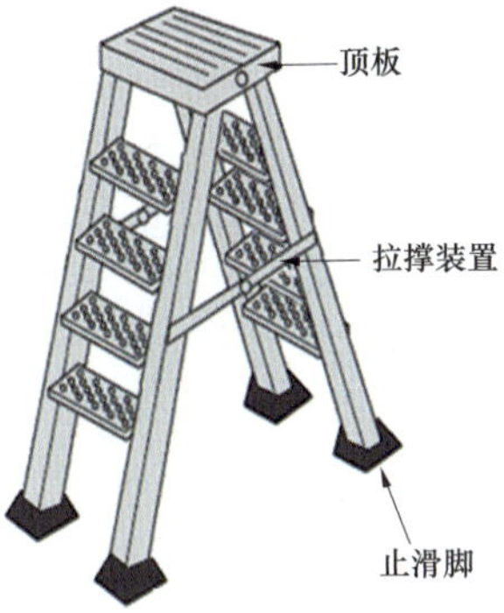

图 2-96

（7）软梯必须每半年进行一次荷载试验。试验时以 500kg 的荷载挂在绳索上，经 5min 若无变形或损伤即认为合格。软梯的安全系数不得小于 10。

二、安全作业行为

（1）使用前必须检查梯子坚实、无缺损，止滑脚完好。不得使用有故障的梯子。

（2）人员必须登在距梯顶不少于 1m 的梯蹬上作业。

（3）严禁梯子垫高使用。见图 2-97。

（4）严禁梯子接长使用。见图 2-98。

图 2-97

图 2-98

（5）梯子不得放在通道口和通道拐弯处等，如需放置时应设专人看守。见图 2-99。

图 2-99

（6）梯子不得放在门前使用，如需放置时应有防止门开碰撞措施。见图 2-100。

图 2-100

（7）使用梯子时必须有专人扶持。 见图 2-101。

图 2-101

（8）人员必须面向梯子上下。

（9）上下梯子时，严禁手持物件攀登。见图 2-102。

图 2-102

（10）梯上人员应将安全带挂在牢固的构件上，严禁将安全带挂在梯子上。见图 2-103。

图 2-103

（11）严禁两人同登一梯。见图 2-104。

图 2-104

（12）人在梯子上时，严禁移动梯子。见图 2-105。

图 2-105

（13）靠在管子上使用的梯子，其上端应有挂钩或用绳索缚住。

（14）严禁在悬吊式的脚手架上搭放梯子作业。

（15）软梯应挂在可靠的支持物上，在软梯上只准一个人作业。

第八节　拆除工程坠落防控

拆除工程是指对已经建成或部分建成的建（构）筑物进行拆除的工程。拆除工程分为人工拆除、机械拆除和爆破拆除。人工拆除，依靠手工加上一些简单工具（如风镐、钢钎、手动葫芦、钢丝绳等）对建（构）筑物实施解体和破碎的方法；机械拆除，使用大型机械（如挖掘机、镐头机、重外锤机等）对建（构）筑物实施解体和破碎的方法；爆破拆除，利用炸药爆炸解体和破碎建（构）筑物的方法。

一、安全作业现场

（1）拆除建（构）筑物的区域内必须设置物理隔离，设置安全警示标志和安全警示灯，并设专人看护。见图 2-106。

（2）在人员密集点或人行通道上方进行拆除工程时，必须搭设全封闭防护隔离棚。见图 2-107。

图 2-106

图2-107

（3）拆除工程前，必须先将建（构）筑物内或脚手架上的水、电、汽、气、油全部隔离，且有明显的断开点。

（4）拆除现场使用的电源必须取自于拆除建筑物以外的其他可靠电源。

（5）水平作业各工位间必须有一定的安全距离，严禁交叉作业。见图 2-108。

图 2-108

（6）用机械设备拆除作业时，回旋半径内严禁有人同时作业。见图 2-109。

图 2-109

（7）拆除工程必须设置专用的运输车辆通道。

二、安全作业行为

（1）作业人员必须佩戴安全帽、护目眼镜、手套、工作鞋等必要的个体防护用品。

（2）拆除工程现场必须设专人指挥。

（3）拆除作业时，人员应站在脚手架或其他牢固的架构上。

（4）拆除作业应严格按照拆除工程方案进行，应自上而下、逐层逐跨拆除。见图 2-110。

图 2-110

（5）防护栏杆、楼梯和楼板应在同层建（构）筑物中最后拆除。

（6）人工拆除作业时，严禁采用掏掘墙体的方法进行。见图 2-111。

图 2-111

（7）拆除作业中有倒塌伤人的危险时，应采用支柱、支撑等防护措施。见图 2-112。

图 2–112

（8）作业人员严禁直接站在轻型结构板上进行拆除作业。见图 2-113。

图 2–113

（9）人工拆除作业时，严禁数层同时交叉作业。见图 2-114。

图 2–114

（10）对较大构件应用吊绳或起重机吊下运走，散碎材料应用溜放槽溜下运走。

（11）承重支柱和横梁必须在其所承担的全部结构和荷重拆除后才可拆除。

（12）脚手架应与被拆除物的主体结构同步拆除。见图 2-115。

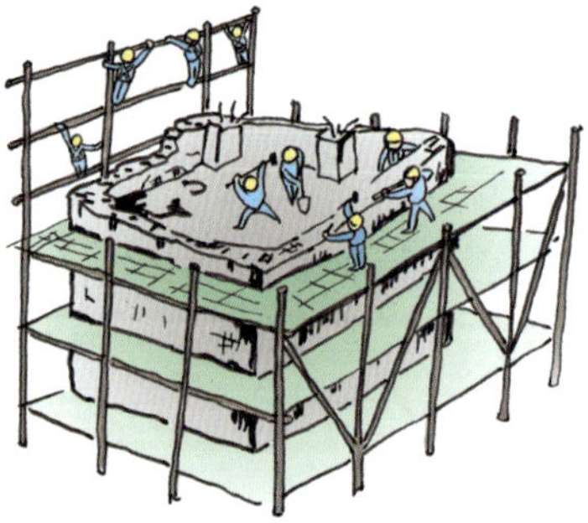

图 2-115

（13）拆下的物料不得在楼板上乱堆乱放，应及时清运。见图 2-116。

图 2-116

（14）爆破拆除作业前，必须设置安全警戒区域，疏散周边人员，设专人监护。见图 2-117。

图 2-117

（15）遇大雾、雨雪、6 级及以上大风等恶劣天气时，严禁拆除作业。

第九节　踏穿不坚实作业面防控

踏穿不坚实作业面坠落是指人员踩踏的作业面因承重强度不足被踏穿的坠落事件。发电企业常见的不坚实作业面场所有石棉瓦、彩钢板、瓦、木板、采光浪板等材料构成的屋顶，或受腐蚀烟道、步道等。见图 2-118。

图 2-118

一、安全作业现场

（1）上下不坚实作业面时，必须设置专用梯子通道。见图 2-119。

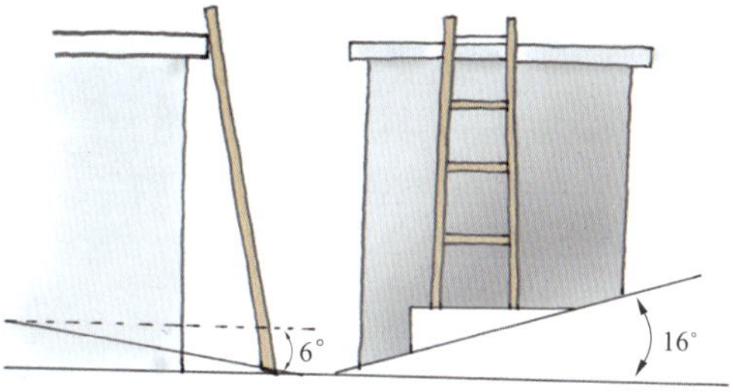

图 2-119

（2）在不坚实作业面上应装设宽 360mm 及以上的止滑条踏板。

（3）沿不坚实作业面的踏板旁设置牢固的安全绳。见图 2-120。

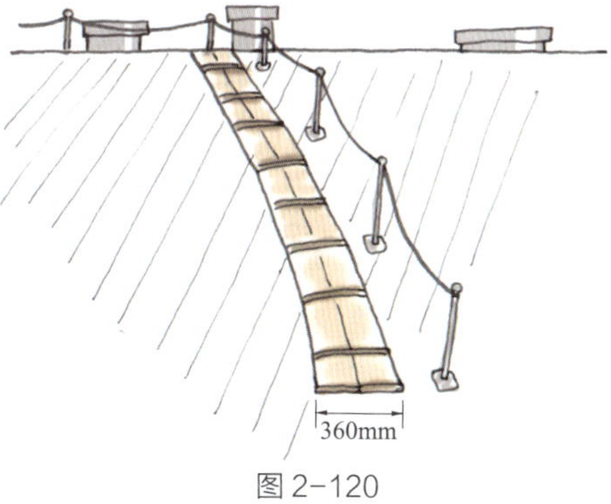

图 2-120

（4）在较大的不坚实斜面屋顶上作业时，需搭设牢固的防护护栏。见图 2-121。

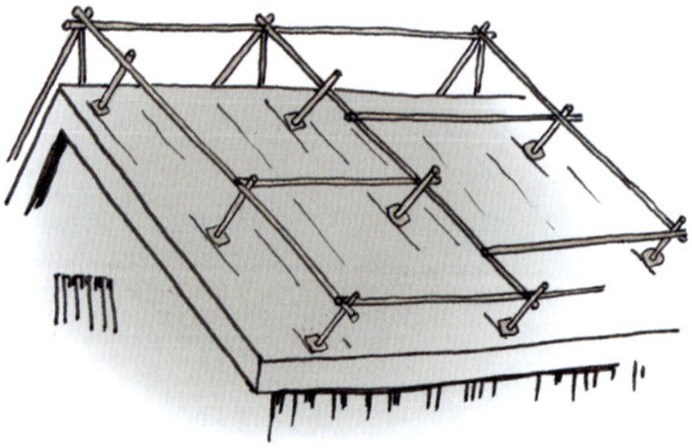

图 2-121

（5）必要时可在不坚实作业面的下方设置安全护网。见图 2-122。

图 2-122

（6）为防止误登不坚实作业面，应在必要地点处挂上警告牌。

二、安全作业行为

（1）作业人员必须佩戴安全带，安全带应挂在安全绳上或牢固的构件上。

（2）严禁人员直接踩踏在不坚实的作业面。见图 2-123。

图 2-123

（3）距不坚实作业面边缘 1m 内作业时，应外设工作平台或使用梯子。见图 2-124。

图 2-124

（4）在不坚实作业面上不得堆放杂物、物料等。见图 2-125。

图 2-125

第三章 起重伤害防控

第一节 概　　述

利用起重机械或起重工具移动重物的操作活动，称为起重作业。起重机械是指用于垂直升降或者同时水平移动重物的机电设备。在起重作业中，发生重物（包括吊具、吊物或吊臂等）坠落、夹挤或碰撞等的人身伤害事件，称为起重伤害。发电企业常使用的起重机械有桥式起重机、电动（手拉）葫芦、汽车起重机、卷扬机等，存在的主要安全风险有：

（1）未经专业技能培训合格的人员从事起吊作业。

（2）违章指挥起吊或指挥信号不规范。见图 3-1。

图 3-1

（3）超负荷或歪拉斜拽工件时起吊。

（4）工件或吊物捆绑不牢时起吊。见图 3-2。

图 3-2

（5）吊物上站人或放有活动物体时起吊。见图 3-3。

图 3-3

（6）起吊现场照明不足，视线不清时起吊。见图 3-4。

图 3-4

（7）带棱角、缺口物体无防割措施时起吊。见图 3-5。

图 3-5

（8）在高压输电线下无防范措施，也未设电气监护人时起吊。见图 3-6。

图 3-6

（9）易燃易爆物品（如氧气瓶、煤气罐等）无防护措施时起吊。见图 3-7。

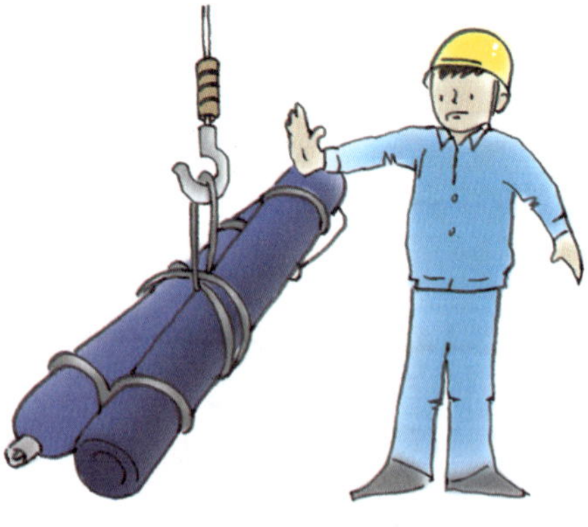

图 3-7

（10）工件埋在地下与地面建筑物或设备有勾挂时起吊。见图 3-8。

图 3-8

（11）起重机械未经检验或带“病”（如安全装置不齐全或动作不灵敏、失效等）时起吊。

（12）起吊现场未设警戒区域、未设专人监护时起吊。见图 3-9。

图 3-9

（13）汽车起重机支撑不符合规定要求时起吊。见图 3-10。

图 3-10

（14）起吊重物下方及作业半径范围内有人时起吊。见图 3-11。

图 3-11

（15）起吊重物选用吊具安全系数不够时起吊。

（16）遇大雨、大雪、大雾或 6 级及以上大风时起吊。见图 3-12。

图 3-12

第二节　个人能力与防护

一、个人能力要求

（1）起重机械安装（改造）、维修保养人员，司索工，起重机司机，起重指挥人员均属于特种设备作业人员。

（2）起重人员必须经专业技能培训考试，取得《特种设备作业人员证》（起重机械作业）。见图 3-13。

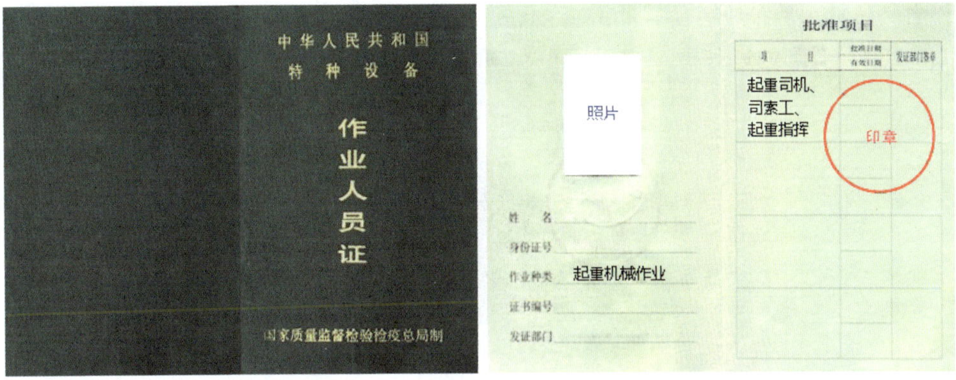

图 3-13

（3）起重指挥人员应经有关机构专业技术培训取得资格证的人员担任。

（4）《特种设备作业人员证》是由国家质量监督检验检疫总局统一印制。省级质量技术监督部门负责本辖区的培训和发证。每 4 年复审一次。

（5）起重人员必须经县级及以上医疗机构体检合格。基本要求：身体健康，双目裸眼视力均不低于 0.7，无色盲、听觉障碍、癫痫病、高血压、心脏病、眩晕、突发性昏厥等妨碍起重作业的其他疾病及生理缺陷。

二、个体防护要求

个体防护用品必须选用取得国家《劳动防护用品安全生产许可证书》的资质单位生产，且有产品检验合格报告。起重作业人员的主要防护用品有：起重手套、防砸鞋（靴）。

（1）起重手套。选用皮质五指手套，可保护手部免受伤害。见图 3-14。

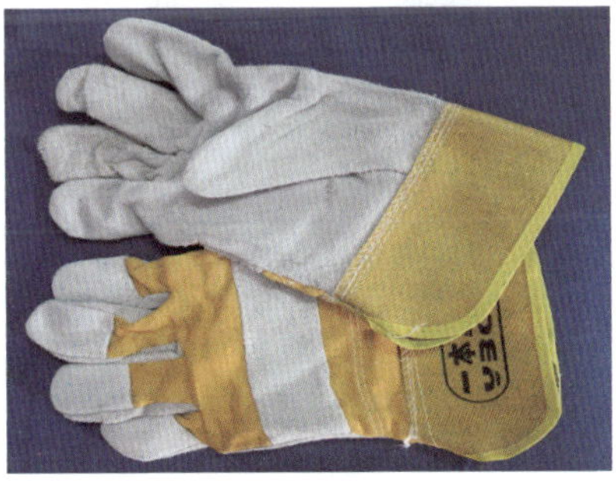

图 3-14

（2）防砸鞋（靴）。选用二层面料、使用国标钢头、钢底的加工标准制定的防砸鞋（靴）具有防砸、防穿刺、耐油、耐酸碱等功能，可保护足趾免受冲击或挤压伤害。抗冲击力检验方法：冲击锤 23kg、落高 900mm，冲击后鞋内间隙大于或等于 15 合格。见图 3-15。

图 3-15

在一般工作条件下，安全鞋的使用年限为一年，穿着一年后应检查，如有明显损坏不得在起重作业中使用。

三、着装要求

起重作业人员必须穿好工作服、防砸鞋（靴），戴好安全帽、起重手套。见图 3-16。

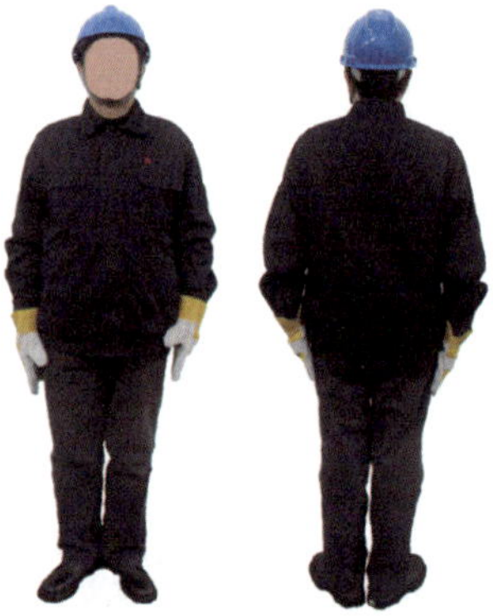

图 3-16

第三节　起重吊具伤害防控

一、钢丝绳

钢丝绳是由多层钢丝捻成股，再以绳芯为中心，由一定数量股捻绕成螺旋状的绳。钢丝绳按捻制方向分为右向捻和左向捻，按捻法分为交互捻（逆捻）和同向捻（顺捻）。

1. 安全要求

钢丝绳应每月检查 1 次，每年试验 1 次。其试验方法：以 2 倍容许工作荷重进行 10min 的静力试验，不应有断裂及显著的局部延伸现象。钢丝绳出现下列情况之一，应报废：

（1）钢丝绳的表面钢丝被腐蚀，磨损超过钢丝直径的 40%以上。

（2）钢丝绳有一股折断。见图 3-17。

图 3-17

（3）钢丝绳直径减少达 7%。见图 3-18。

图 3-18

（4）钢丝绳有明显的内部腐蚀。

（5）局部外层钢丝绳伸出呈笼形状态。见图 3-19。

图 3-19

（6）钢丝绳纤维芯的直径增大较严重。见图 3-20。

图 3-20

（7）钢丝绳扭结。见图 3-21。

图 3-21

（8）钢丝绳折变造成塑性变形。见图 3-22。

图 3-22

（9）对于交互捻钢丝绳，断丝数超过总丝数的 10%。见图 3-23。

图 3-23

2. 使用要求

（1）钢丝绳应放置在架上或悬挂好，且定期上油。

（2）不得使用断股、扭结、腐蚀及其他磨损、脆化等缺陷的钢丝绳。

（3）钢丝绳端部与吊钩、卡环连接时，不得用打结绳扣的方法来连接。见图 3-24。

图 3-24

（4）钢丝绳各插头的连接处不得松动。

（5）断绳保护器所用钢丝绳插入头不得有毛刺、乱头等现象。

（6）吊装中若发现钢丝绳股缝间有异常油量挤出（这是钢丝绳破断的前兆），应立即停用。

（7）通过滑轮或滚筒的钢丝绳不得有接头。

（8）钢丝绳不得接触到酸（碱）液或热体。

（9）严禁钢丝绳和电焊机的导线或其他电线相接触。

（10）环绳结合段长度不应小于钢丝绳直径的20倍，但最短不应少于300mm。

（11）双头绳索结合段长度不应小于钢丝绳直径的20倍，但最短不应少于300mm。

（12）环绳及绳索必须经过1.25倍容许工作荷重的静力试验合格后，方可使用。

二、起重吊带

起重吊带是用高强度聚酯工业长丝为原料织成吊装带。用于装卸与起升货物时连接起升工具和货物的柔性元件。多用于吊装精密仪器、表面光洁高度的物件。它分为单吊带、复式吊带和多层吊带。见图3-25。

图3-25

1. 安全要求

起重吊带应每月检查1次，每年试验1次。其试验方法：以1.25倍容许工作荷重进行10min的静力试验，不应有断裂及显著的局部延伸现象。起重吊带出现下列情况之一，应报废：

（1）织带（含保护套）严重磨损、穿孔、切口、撕断。

（2）承载接缝绽开、缝线磨断。

（3）起重吊带纤维软化、老化、弹性变小、强度减弱。

（4）纤维表面粗糙易于剥落。

（5）起重吊带出现死结。

（6）带表面有过多的点状疏松、腐蚀、酸碱烧损以及热熔化或烧焦。

（7）带有红色警戒线起重吊带的警戒线裸露。

2. 使用要求

（1）起重吊带应在避光和无紫外线辐射的场所存放。严禁使用受潮吊带。

（2）在移动起重吊带和货物时，不得拖拽。见图 3-26。

图 3-26

（3）起重吊带承载时不得打拧。

（4）起重吊带不得打结使用。见图 3-27。

图 3-27

（5）不得使用无护套的起重吊带承载有尖角、棱边的货物。

（6）起重吊带不得长时间悬挂货物。

（7）几支起重吊带同时使用时，尽可能使载荷均匀分布在每支起重吊带上。

（8）不要把起重吊带存放在有明火或其他热源附近。见图 3-28。

图 3-28

三、起重吊钩

起重吊钩是用来吊装重物的钩子。它是锻成的或用钢板铆成的。它分为环眼吊钩、鼻型吊钩、羊角滑吊钩。见图 3-29。

（a）　（b）　（c）

图 3-29

（a）环眼吊钩；（b）鼻型吊钩；（c）羊角滑吊钩

1. 安全要求

起重吊钩应每月检查 1 次，每年试验 1 次。其试验方法：以 1.25 倍容许工作荷重进行 10min 的静力试验，用放大镜或其他方法检查，不应有残余变形、裂纹及裂口现象。起重吊钩出现下列情况之一，应报废：

（1）起重吊钩有裂纹。

（2）危险断面磨损达原尺寸的 10%。

（3）开口度比原尺寸增加 15%；扭转变形超过 10℃。

（4）危险断面或吊钩颈部产生塑性变形。

（5）板钩衬套磨损达原尺寸的 50%时，应报废衬套。

（6）板钩心轴磨损达 5%时，应报废心轴。

（7）发现起重吊钩焊补以及受到高温、强腐蚀等。

（8）吊钩无防脱装置或损坏。

2. 使用要求

（1）起重吊钩必须有制造厂家的技术规范，有防脱保险装置。见图 3-30。

图 3-30

（2）严禁使用铸成的或用钢条弯成的吊钩。

（3）严格使用有裂纹、显著变形、劣质或报废的吊钩。

（4）起重吊钩工作部分正常磨损断面面积不得超过原断面面积 10%。

（5）严禁在吊钩上焊补或在受力部位钻孔。见图 3-31。

图 3-31

四、起重卸扣

起重卸扣是作为端部配件直接吊装物品或构成挠性索具的连接件，它分为 D 形和弓形两种。见图 3-32。

（a）　　　　（b）

图 3-32

（a）D 形卸扣；（b）弓形卸扣

1. 安全要求

起重卸扣应每月检查 1 次，每年试验 1 次。其试验方法：以 2 倍容许工作荷重进行 10min 的静力试验，用放大镜或其他方法检查，不应有残余变形、裂纹及裂口现象。卸扣出现下列情况之一，应报废：

（1）卸扣已有明显永久变形，横销已不能转动自如。

（2）本体与横销任何一处横截面磨损超过 10%。

（3）卸扣任何一处发生裂纹。

2. 使用要求

（1）使用卸扣时，应将钢丝绳一根绳环拉在螺栓上，另一根绳环拉在 U 形环顶端。严禁卸扣横向受力。见图 3-33。

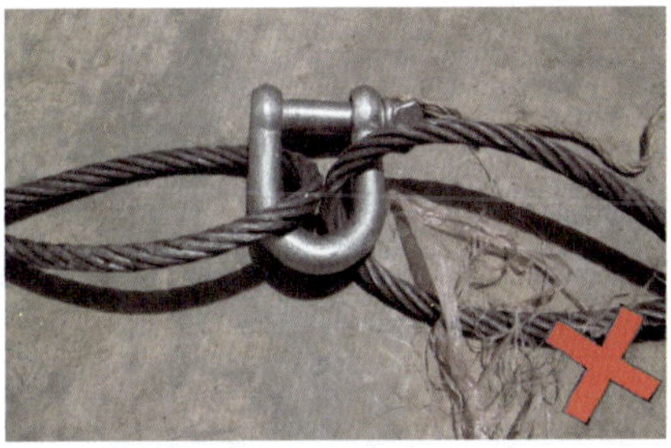

图 3-33

（2）严禁超载卸扣。

（3）严禁使用有裂纹、显著变形、劣质或报废的卸扣。

（4）使用卸扣时，应避开所吊物件的棱角处。见图 3-34。

图 3-34

五、钢丝绳夹（卡）

钢丝绳夹（卡）是用于钢丝绳终端头的固定连接及捆绑绳的固定。

1. 安全要求

钢丝绳夹（卡）应每月检查 1 次，每年试验 1 次。其试验方法：以 2 倍容许工作荷重进行 10min 的静力试验，用放大镜或其他方法检查，不应有残余变形、裂纹及裂口现象。钢丝绳夹（卡）的正确使用方法：

（1）根据钢丝绳直径的大小来选用绳夹，一般钢丝绳夹型号应与钢丝绳直径相近。见表 3-1。

表 3-1　　钢丝绳夹数量的选用

钢丝绳直径（mm）	<7	7～16	16～20	20～26	26～40
绳夹最少数量（个）	3	5	6	7	8

注　绳卡压板应在钢丝绳长头一边；绳卡间距不小于钢丝绳直径的 6 倍。

（2）使用绳夹时，应将 U 形环部分卡在绳头（即活头）一边，拧紧螺栓，直到钢丝绳直径被压扁约 1/3 为止。见图 3-35。

图 3-35

（3）钢丝绳套环最近处的绳夹应尽可能地靠紧套环。

（4）为检查钢丝绳受力后绳夹是否有移动，可加装一只安全绳夹。安全绳夹一般安装在距最后一只绳夹 500mm 左右，将绳头放出一段安全弯后与主绳夹紧。其末端与距它最近的一根绳夹距离应为 140～160mm。见图 3-36。

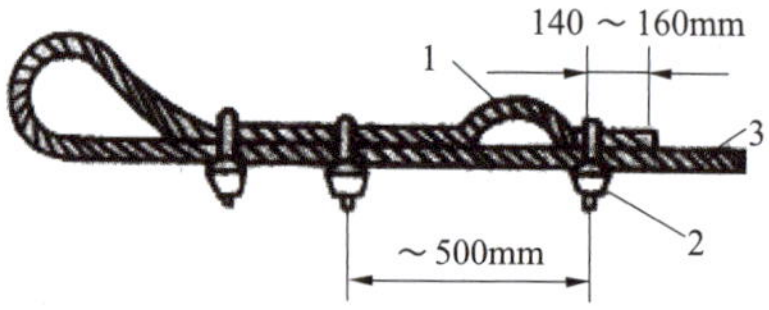

图 3-36

1—安全弯；2—安全绳夹；3—主绳

2. 使用要求

（1）钢丝绳夹的固定数量不少于 3 个。见图 3-37。

图 3-37

（2）钢丝绳夹的 U 形螺栓不得扣在钢丝绳非尾段上（长头）。见图 3-38。

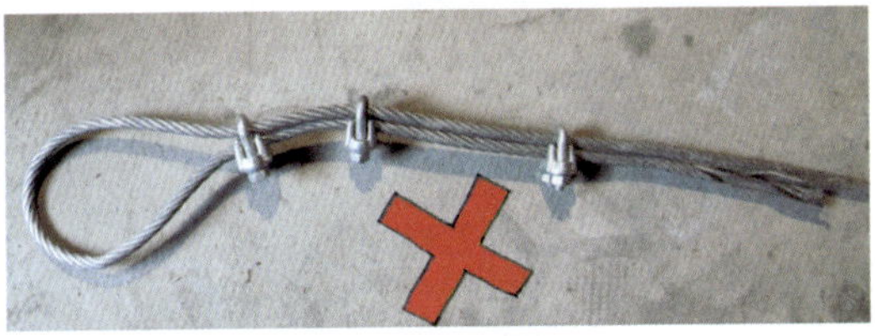

图 3-38

（3）钢丝绳夹不得在钢丝绳上交替布置。见图 3-39。

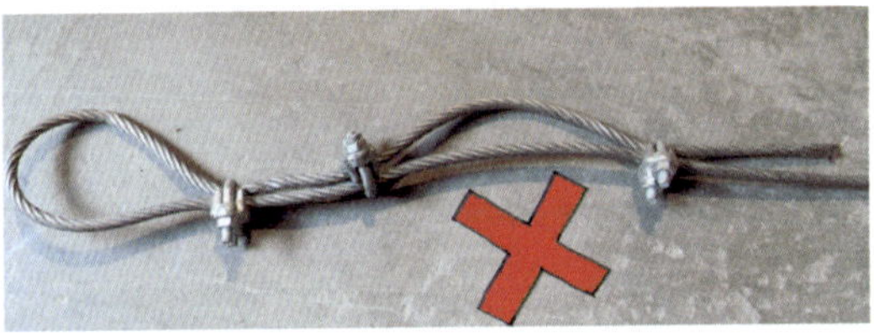

图 3-39

（4）钢丝绳套环最远处的绳夹不得先单独紧固。

六、物件绑扎

（1）吊物应绑扎牢固，吊钩钢丝绳应保持垂直。严禁使吊钩斜着拖吊物件。见图 3-40。

图 3-40

（2）吊运散件物时，应用铁制的料斗。料斗应设专用吊点，装料高度不得超过上口边，散粒状的物料应低于料斗上口边线 100mm。见图 3-41。

图 3-41

（3）吊运长条状物件（如钢筋、长条状木方等），应在吊物上选择两个均匀、平衡的吊点，绑扎时应用紧线器紧固。

（4）吊索与吊物棱角或光滑的接触处，必须加以包垫，防止吊索受伤或打滑。见图 3-42。

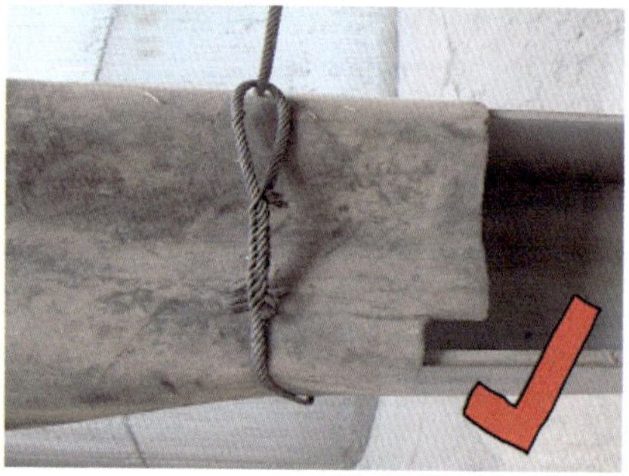

图 3-42

（5）严禁物件叠放超高绑扎。见图 3-43。

图 3-43

（6）绑扎物件穿绳时，应用铁钩从吊物下面钩绳，不得将手臂伸到吊物下面。见图 3-44。

图 3-44

（7）吊物挂绳时，不得将吊绳相互挤压、交叉、扭压和绞拧。见图 3-45。

图 3-45

（8）绑扎设备或构件留出的不受负荷的绳头，必须紧绕牢固。

（9）绑扎后吊挂绳之间的夹角不大于 90°，避免挂绳受力过大。见图 3-46。

图 3-46

七、物件吊装

（1）吊装作业现场必须设置警戒区域，设专人监护。

（2）在起吊口处作业时，周边遇有人行通道应封闭，挂有“此处施工请绕行”等提示牌，并设专人监护。见图 3-47。

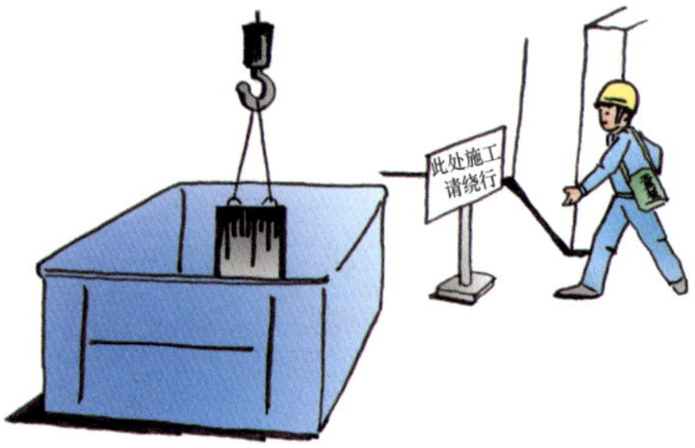

图 3-47

（3）吊装作业必须设专人指挥，指挥人员不得兼作其他工作。见图 3-48。

图 3-48

（4）吊装前须检查起重机械的制动器、升降限位器、过载保护等安全装置可靠。

（5）吊装作业时，驾驶人员不得离开驾驶室或做其他工作。

（6）吊装过程中，任何人发出紧急停车信号时，均应立即停车。

（7）吊装前应明确吊物的重量，严禁起吊不明重量或埋在地下的吊物。见图 3-49。

图 3-49

（8）吊装前，必须检查索具及吊物的捆绑情况，确认无误后方准起吊。见图 3-50。

图 3-50

（9）翻转吊物时，操作者必须站在翻转方向的反侧。

（10）吊物钢丝绳绞拧在一起时，严禁起吊作业。见图 3-51。

图 3-51

（11）吊钩在摇摆时，严禁起吊作业。

（12）吊装大的或不规则的物件时，应在物件上系上拉绳，控制其姿态和方向。

（13）吊物上站人时，严禁起吊作业。见图 3-52。

图 3-52

（14）吊物接近额定载荷时应试吊，试吊高度为200～300mm，严禁超载吊物。

（15）起吊作业时不得过猛，不得将吊物悬空停留时间过长。

（16）吊物悬空平移时，严禁从人的头顶上通过。见图 3-53。

图 3-53

（17）吊装中严禁使用升降限位器停车，严禁过卷扬起吊。

（18）吊装中突然断电，应将所有控制器手柄扳回“零”位，并将吊物缓慢放下。

（19）吊物着地时，应用垫板（木）托起吊物，便于抽绳。见图 3-54。

图 3-54

（20）抽出吊物绑绳时，不得斜拉、强拉或旋转吊物等。见图 3-55。

图 3-55

（21）严禁在吊物下站人、行走或作业。见图 3-56。

图 3-56

（22）吊运有爆炸危险的物品（如压缩气瓶、强酸强碱、易燃性油类等），必须制订好安全技术措施，并经主管生产的领导批准后，方可吊装。

（23）遇大雪、大雨、大雾、风力 6 级及以上等恶劣天气，严禁起重作业。见图 3-57。

图 3-57

第四节 桥式起重机伤害防控

桥式起重机俗称“行车”。它是由起升机构、大小车运行机构组成，能使吊物在空间实现垂直升降或水平移动。行车必须经本地质量技术监督局检验合格后，并出具《起重机械定期检验报告》，方准使用。检验周期为二年。见图 3-58。

图 3-58

一、安全作业现场

（1）行车必须装设重量限制器、行程限制器、过卷扬限制器、夹轨钳、电气联锁装置等安全保护装置，另外，还须装有可靠的微量调节控制系统。

（2）行车轨道必须平直牢固，每隔 20m 设置一个接地点，轨道终端应设置缓冲器。轨道上严禁涂油或撒沙子。

（3）行车最高点与屋架最低点间应有 10cm 以上的距离，行车和驾驶室的突出面与建筑物的距离不应小于 10cm。

（4）由地面到驾驶室或由驾驶室到行车走道，必须设有扶梯。

（5）沿行车轨道如有通道，其宽度应不小于 40cm，并应有栏杆，在行车运行中不准有人通行。

（6）吊装作业区周边应设置警戒区域，设专人监护。见图 3-59。

图 3-59

（7）在行车轨道上检修时，检修地点两端应用钢轨夹具夹住。以防行车开入检修区域。

（8）必要时可在吊物上装设缆绳（拖拉绳），用以控制吊物姿态，防止大幅度摆动。见图 3-60。

图 3-60

（9）绑绳时，两根吊索之间的夹角一般不大于 90°。

（10）起吊时，应使吊钩与重物重心在一条垂直线上。

（11）吊装行走时，吊物必须高出障碍物的顶面 0.5m 以上。见图 3-61。

图 3-61

（12）吊装现场照明必须充足。

二、安全作业行为

（1）作业前，必须检查行车各设备及安全保护装置无缺陷后，方准启动。

（2）行车开车前必须先打铃，当行车行走到接近人时应铃声警示。

（3）吊钩不载物运行时，应升至 1 人以上的高度。见图 3-62。

图 3-62

（4）吊物时，应先稍离地试吊，确认吊挂平稳、制动良好后，再升高、缓慢运行。

（5）严禁吊物从人的头上越过或停留。见图 3-63。

图 3-63

（6）吊物中突然断电，应立即将所有控制器手柄回“零”位。

（7）吊物悬在空中时，严禁操作人员离开司机室。见图 3-64。

图 3-64

（8）严禁采用倒车方式代替制动。

（9）严禁使用限位器或紧急按钮控制停车。

（10）作业结束后，应将所有控制器手柄扳回“零”位，断开电源，将吊钩挂起。见图 3-65。

图 3-65

第五节 手拉、电动葫芦伤害防控

电动葫芦简称电葫芦，手拉葫芦简称倒链。电葫芦主要由电动机、减速器、卷筒、钢丝绳、吊钩、控制箱等组成；倒链主要由链轮、手拉链、传动机械、起重链及上下吊钩等组成。

起重量大于或等于 1t 的电葫芦，必须经本地质量技术监督局检验，合格后出具《起重机械定期检验报告》，检验周期为二年；倒链可由企业自检，检验周期为一年。见图 3-66。

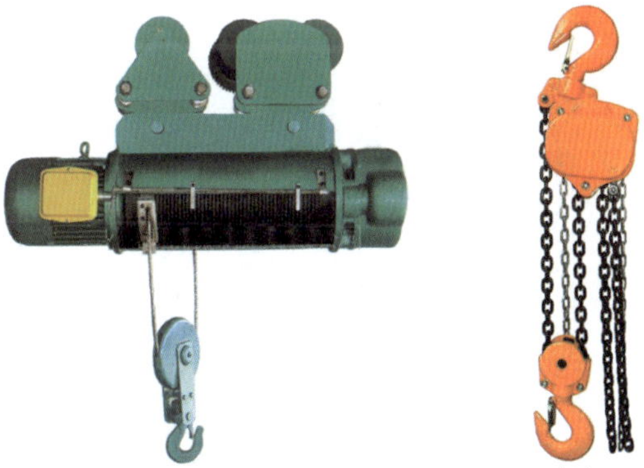

（a） （b）

图 3-66

（a）电动葫芦；（b）手拉葫芦

一、安全作业现场

1. 必须使用检验合格的电动（手拉）葫芦

2. 吊装作业区的周边必须设置警戒区域，设专人监护（见图 3-67）

图 3-67

3. 电动葫芦

（1）电葫芦的制动器、限位器等安全装置灵敏可靠，导绳器完好。

（2）钢丝绳绳端固定应牢固可靠。

（3）电葫芦吊物下降时，卷筒上的钢丝绳不少于 2 圈。

4. 手拉葫芦

（1）手拉葫芦的变矩器等安全装置灵敏、可靠。

（2）手拉葫芦的链条应垂直悬挂重物，链条各链环间不得有错扭、断裂。见图 3-68。

图 3-68

（3）手拉链完好，链条试拉灵活、无卡涩现象。

（4）手拉倒链应存放在专用支架上，并标明重量。见图 3-69。

图 3-69

二、安全作业行为

（1）使用电葫芦前，应作空车试验，确认升降与行走机构、制动器、限位器、吊钩、钢丝绳等无异常后，方准吊物使用。

（2）电葫芦与吊物必须垂直起吊，严禁歪拉斜吊。

（3）严禁超载吊物。见图 3-70。

图 3-70

（4）吊物上升时，严禁吊钩撞顶。见图 3-71。

图 3-71

（5）严禁利用管道、支架、设备等做吊装点。见图 3-72。

图 3-72

（6）手拉倒链时，拉链方向应与手拉链轮在同一平面上，不得斜拉硬拽。见图 3-73。

图 3-73

（7）用倒链吊物时，应一人缓慢拉手链，严禁多人拉一条手链。见图 3-74。

图 3-74

（8）不得站在吊物上拉倒链。见图 3-75。

图 3-75

（9）吊物悬空时，吊物下方不得有人。见图 3-76。

图 3-76

第六节　汽车起重机伤害防控

汽车起重机主要由起升机构、回转机构、起重臂伸缩机构、变幅机构、支腿机构和电控系统组成。安全保护装置包括吊臂变幅安全装置、吊臂伸缩安全装置、高度限位装置、支腿锁定装置、起重量指示器等。

汽车起重机的起重机械部分必须经本地质量技术监督局检验，合格后出具《起重机械定期检验报告》。检验周期为一年。

一、安全作业现场

（1）必须使用检验合格的汽车起重机。

（2）吊装作业区周边必须设置警戒区域，并设专人监护。见图 3-77。

图 3-77

（3）吊装前，应先确认支腿处地基牢固，再伸展支腿到位，并用道木（厚度不小于 100cm）或钢板垫起，调整水平。见图 3-78。

图 3-78

（4）吊物前必须试车，确认升降、旋转机构运行正常，安全装置可靠后，方准作业。

（5）捆绑吊物时，两绳之间的夹角一般不大于 90°。

（6）起吊时，应使吊钩与重物重心在一条垂直线上。

（7）吊臂吊起吊物旋转时，应高出障碍物顶面 0.5m 以上。

（8）汽车起重机必须在水平位置工作，坡度不超过 3°。

（9）必要时在吊物上加装缆绳，以控制吊物姿态，防止大幅度摆动。

二、安全作业行为

（1）吊车操作司机必须持有《特种设备作业人员证》，严禁无证操作。

（2）车辆支腿未伸展到位、车辆倾角超过 3° 时严禁作业。严禁起吊中调整支腿。见图 3-79。

图 3-79

（3）起重臂回转范围内不得有影响安全起吊的障碍物，起重臂每次旋转时必须鸣笛示警。

（4）起吊重物前必须试吊，吊物离地面 100mm 左右，严禁超载吊物。

（5）严禁在暗沟、地下管沟、防空洞等上面进行起吊作业。

（6）汽车起重机的转台（或转盘）上不得站人。

（7）吊臂下严禁站人。见图 3-80。

图 3-80

（8）严禁汽车起重机吊物行驶。见图 3-81。

图 3-81

（9）吊物达到或接近满负荷时，严禁同时进行两个以上操作动作。

（10）起重臂左右旋转角度不得超过 45°。见图 3-82。

图 3-82

（11）汽车起重机吊杆升起的仰角不应大于 75°。见图 3-83。

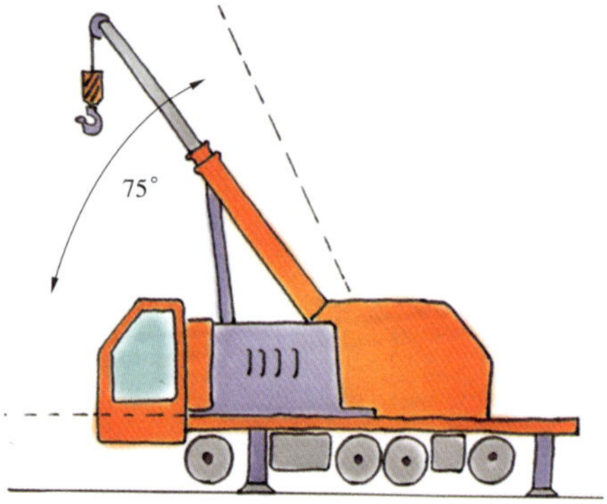

图 3-83

（12）在高压输电线下作业时，车体应可靠接地，注意与输电线的安全距离，并设电气人员监护。必要时在车上装设接近输电线的警报器。见图 3-84。

图 3-84

（13）中途停止吊装时，必须将吊物放在地面上。

（14）在起重臂回转范围内，不得同时进行其他作业。见图 3-85。

图 3-85

（15）用两台起重机同时起吊一重物时，每车分配负荷不得超过所允许最大起重量的 80%，且设专人指挥。见图 3-86。

图 3-86

第七节 卷扬机伤害防控

卷扬机（又叫绞车）主要由电动机、联轴器、制动器、齿轮箱和卷筒组成，并安装在机架上。它是靠机械动力驱动卷筒，卷绕绳索完成牵引工作。见图 3-87。

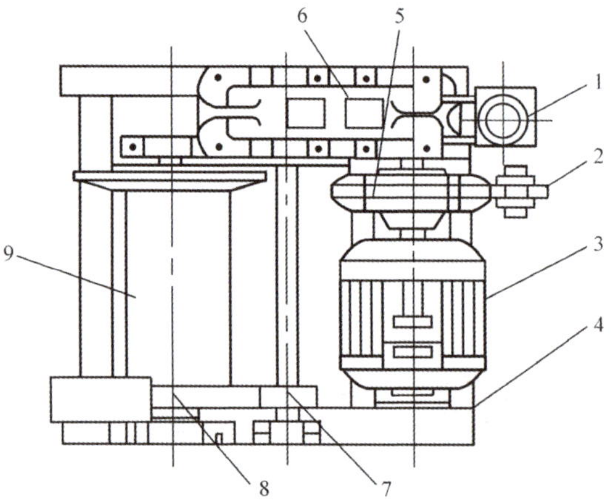

图 3-87

1—可逆控制器；2—电磁制动器；3—电动机；4—底盘；
5—联轴器；6—减速器；7—小齿轮；8—大齿轮；9—卷筒

一、安全作业现场

（1）必须使用检验合格的卷扬机。

（2）卷扬机应安装在坚实平稳、视线良好的地方，机座下应垫方木，机身和地锚连接牢固。

（3）安装卷扬机时，应保持从卷筒中心线到第一导向滑轮的安全距离。带槽卷筒应大于卷筒宽度的 15 倍；无槽卷筒应大于卷筒宽度的 20 倍。

（4）当钢丝绳在卷筒中间位置时，滑轮的位置应与卷筒轴线垂直，其垂直度允许偏差为 6°，距离宜大于 6m。

（5）卷扬机滚筒中心线与钢丝绳保持垂直，距第一个转向滑车应不小于 6m。见图 3-88。

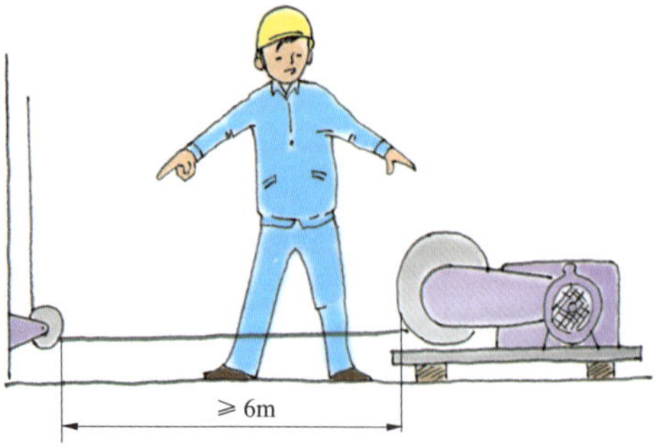

图 3-88

（6）检查齿轮箱、减速器、滑轮组、索具及电气设备等应无异常。

（7）卷扬机滚筒上钢丝绳的端部应固定牢固，安全圈数至少应留五圈。

（8）卷筒钢丝绳应从卷筒下方卷入且排列整齐，不应错叠或离缝。见图 3-89。

（a） （b）

图 3-89

（9）卷扬机的自动制动器、手闸和脚闸必须齐全可靠。

（10）在露天安装卷扬机时，应搭设防砸、防雨工作棚。

（11）作业区域内应设置安全警戒线，并设专人监护。见图 3-90。

图 3-90

二、安全作业行为

（1）卷扬机操作人员应能看清指挥人员和吊物，否则应专设信号员。见图 3-91。

图 3-91

（2）严禁使用未固定的卷扬机。

（3）卷筒上的钢丝绳应排列整齐，如发现重叠和斜绕时，应停机重新排列。

（4）卷扬机转动中，严禁用手拉、脚踩钢丝绳。见图 3-92。

图 3-92

（5）卷扬机吊装前，必须对制动器进行检查试验，保证制动可靠。

（6）卷扬机在运转中，严禁往滑车上套钢丝绳。

（7）钢丝绳不得打结、扭绕，在一个节距内断丝数量超过 10%应予更换。见图 3-93。

图 3-93

（8）严禁人员从受力的钢丝绳前面横跨通过。见图 3-94。

图 3-94

（9）卷扬机钢丝绳与第一个滑轮形成夹角的地面作业区域内严禁站人或通行。见图 3-95。

图 3-95

（10）卷扬机吊物过程中，操作人员不得离开操作地点。

（11）当吊物下落时，严禁用木棍来制动卷扬机滚筒。

（12）中途需要休息时，必须将吊物降至地面且钢丝绳卸载。

（13）吊装过程中遇突然停电，应切断电源，将吊物降至地面。

第四章 物体打击防控

第一节 概　　述

物体打击是指物体在重力或其他外力的作用下产生运动、打击人体造成的伤害事件，不包括因起重机械、机械设备、车辆、坍塌、爆炸引发的物体打击。发电企业常见的物体打击作业场所有手工加工、人工搬运、脚手架上落物、高处落物等，存在的主要安全风险有：

（1）进入现场未戴安全帽，高处落物伤人。见图 4-1。

图 4-1

（2）手工加工作业时，工件或工具飞出伤人。见图 4-2。

图 4-2

（3）人工搬运物体时，物体掉落伤人。见图 4-3。

图 4-3

（4）作业中，小型工具未及时放入工具袋内，随手乱放掉落伤人。见图 4-4。

图 4-4

（5）作业人员上下抛掷材料、工具等，物体掉落伤人。见图 4-5。

图 4-5

（6）脚手板未铺满或铺设不规范，架上的物体掉落伤人。

（7）物料堆放在建（构）筑物的临边及洞口附近，物体掉落伤人。见图 4-6。

图 4-6

（8）建筑施工现场用密目网防护不严或未防护，飞溅物掉落伤人。见图 4-7。

图 4-7

（9）高处作业未设置警戒区域、未挂安全警示牌、未设专人监护，物体掉落伤人。

（10）建筑物的墙体或化妆板脱落伤人。见图 4-8。

图 4-8

（11）建（构）筑物或设备等高处结冰，冰体掉落伤人。见图 4-9。

图 4-9

第二节　个人能力与防护

一、个人能力要求

（1）进入生产现场的人员必须进行安全教育培训，掌握相关的安全防护知识。

（2）手工加工的作业人员必须掌握工机具的正确使用方法及安全防护知识。

（3）人工搬运的作业人员必须掌握撬杠、滚杠、跳板等工具的正确使用方法及安全防护知识。

二、个体防护要求

个体防护用品必须选用具有国家《劳动防护用品安全生产许可证书》的资质单位产品，且有“产品合格证”、“检验合格证”。防止物体打击的常见个体防护用品有安全帽、护目眼镜。

1. 安全帽

安全帽是防止冲击物伤害头部的防护用品，主要由帽壳、帽衬、下颏带和后箍组成。帽衬与帽顶间隙为 20 ～ 50mm，与帽壁间隙为 5 ～ 20mm。它分为植物枝条编织帽、塑料帽、纸胶帽、玻璃钢（维纶钢）橡胶帽。一般使用玻璃钢（维纶钢）橡胶帽。使用期限：从制造之日起，塑料帽小于等于 2.5 年，玻璃钢帽小于等于 3.5 年。见图 4-10。

图 4-10

使用安全帽时，严禁在帽上打孔或当板凳坐。见图 4-11。

图 4-11

2. 防护眼镜（罩）

防护眼镜是为防止物质的颗粒和碎屑、火花和热流等对人眼造成的伤害。防止物体打击的护目眼镜有硬质玻璃片护目镜、胶质粘合玻璃护目镜、钢丝网护目镜三种。其中，胶质粘合玻璃护目镜可承受冲击、击打破碎时呈龟裂状，但不飞溅；钢丝网护目镜可防止金属碎片（屑）、砂尘、石屑、混凝土屑等飞溅物对眼部的打击。见图 4-12。

（a）　（b）

图 4-12

（a）防护眼镜；（b）防护眼罩

三、着装要求

（1）进入生产现场的人员必须戴好安全帽。见图 4-13。

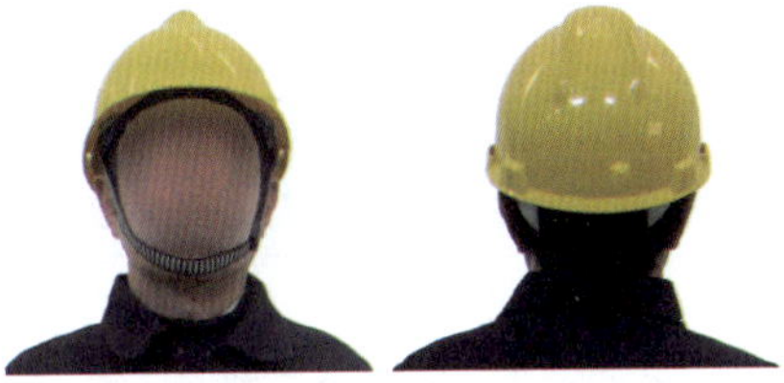

图 4-13

（2）手工加工的作业人员必须戴好安全帽、护目眼镜（罩）。

（3）人工搬运的作业人员必须戴好安全帽、防护手套，穿好防砸鞋。必要时穿戴好披肩、垫肩。

第三节 手 工 加 工

手工加工是指利用手锯、大（手）锤、手钳、錾子、丝锥与板牙、台式钻床、台虎钳、射钉器（枪）等工具对工件进行加工的作业。手工加工时常发生工具甩出或脱落、工件弹起、铁屑飞出、刀具切断等人身伤害事件。

一、手锯

手锯是由锯弓架和锯条组成，主要用于切割小件的金属材料。锯割是用手锯切断材料或在工件上切槽的操作。

1. 安全要求

（1）锯弓架（包括手柄）应用钢质材料，伸缩部分完好坚固。严禁使用无手柄的手锯。

（2）锯条应用钢质材料制成，并经过热处理变硬。

（3）安装或更换锯条时，锯条齿尖方向应朝前，松紧程度应适当，不得歪斜和扭曲。见图 4-14。

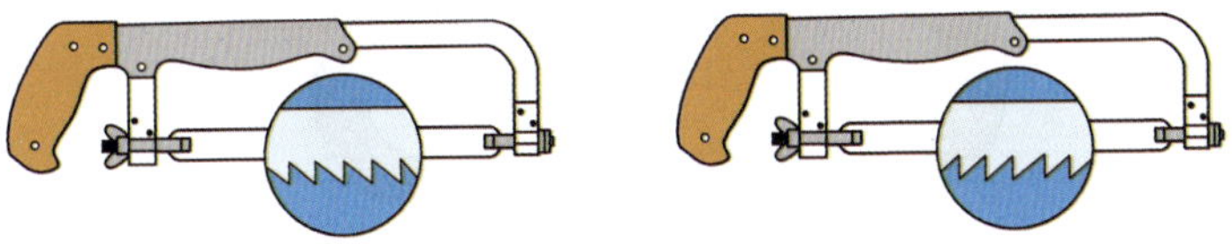

（a）　　　　（b）

图 4-14

（a）正确；（b）不正确

2. 使用要求

（1）工件必须夹紧，不得松动，以防锯条折断伤人。

（2）手锯握法应是右手握锯柄，左手轻扶弓架前端。见图 4-15。

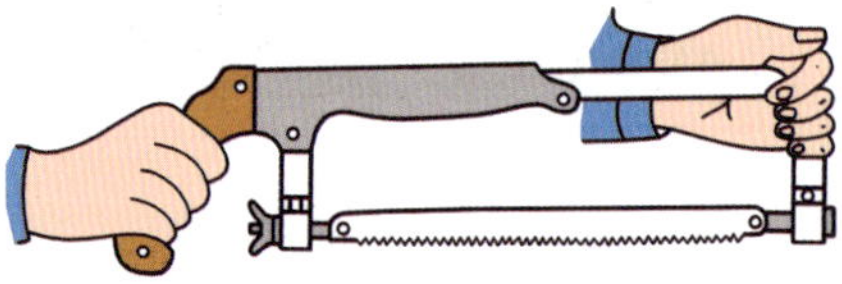

图 4-15

（3）起锯时，用左手拇指指甲靠稳锯条，锯条与工件起锯角为 10° ～ 15° 。见图 4-16。

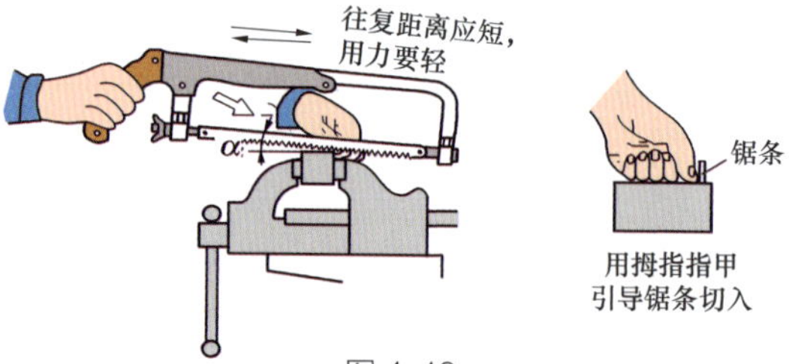

图 4-16

（4）锯割时，锯应靠近钳口，方向应正确，压力和速度应适中。

（5）锯扁钢应从宽面下锯，这样锯缝浅，容易整齐。见图 4-17。

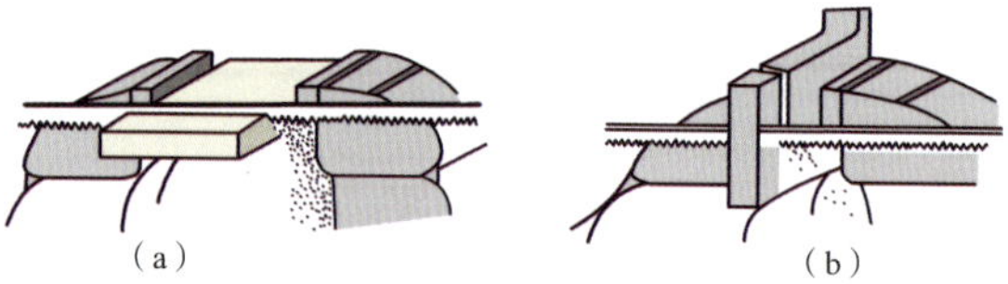

图 4-17

（a）正确；（b）不正确

（6）锯圆管不可从上到下一次锯断，应当在管壁锯透时，将圆管向着推锯的方向转过一个角度，锯条仍从原锯缝锯下去，不断转动，直到锯断为止。见图 4-18。

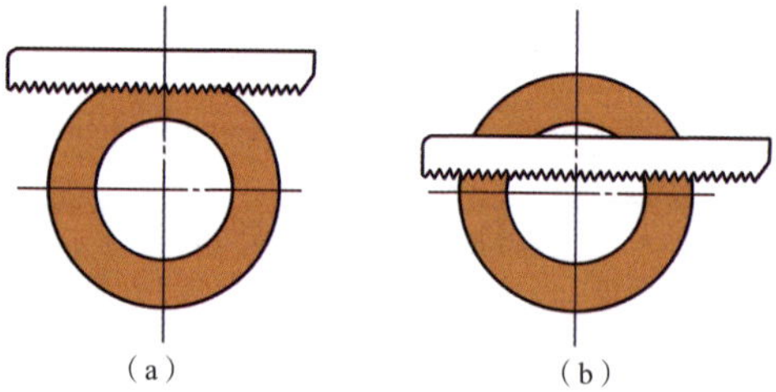

图 4-18

（a）正确；（b）不正确

（7）锯深缝时，应将锯条转 90° 安装，锯弓放平推锯。见图 4-19。

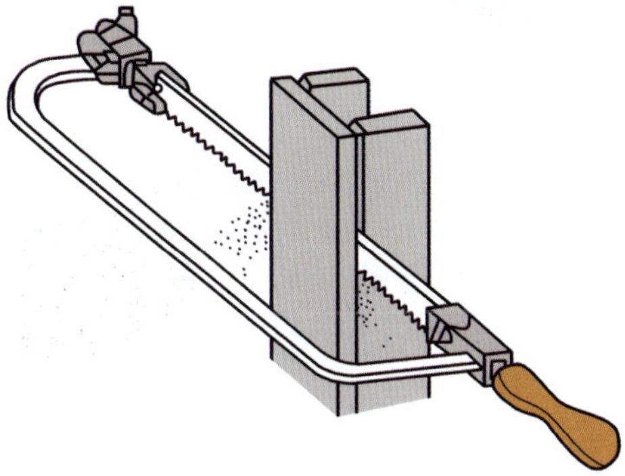

图 4-19

（8）锯割中更换新锯条后，应将工件调头锯割，不宜继续沿原锯口锯割。

（9）工件将要锯断时，要轻轻用力，以防压断锯条或者工件落下伤人。

二、大（手）锤

大（手）锤是由锤头和木柄组成。主要用于敲打物体使其移动或变形的工具。

1. 安全要求

（1）大（手）锤的锤头完好无损。

（2）木柄应用整根硬质木料。

（3）锤头与木柄的连接应用金属楔栓固定，楔子长度不得大于安装孔深的 2/3。

2. 使用要求

（1）打锤人不得戴手套。

（2）木柄上不得有油污等易滑介质。

（3）抡大锤时，周围不得有人，不得用单手抡大锤。

（4）人工打眼时，打锤人应站在扶钎子人的侧面，严禁站在对面。

（5）严禁采用 1 人扶钎子，2 人轮流打锤子的方法打眼。

（6）严禁使用已开花的钎头打眼。

（7）锤头淬火应适当，不得直接打硬钢及淬火的部件，以免崩伤人。见图 4-20。

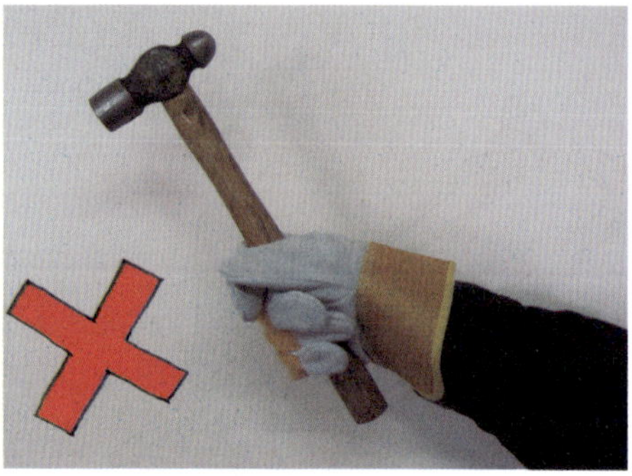

图 4-20

三、手钳

手钳主要用于手夹持、切断金属导线或钢丝。

1. 安全要求

（1）手钳必须带有橡胶绝缘套管。

（2）手钳刀刃应锋利，夹持灵活。

2. 使用要求

（1）使用手钳剪切导线短头时，短头应朝地下，以防短头剪断伤人。见图 4-21。

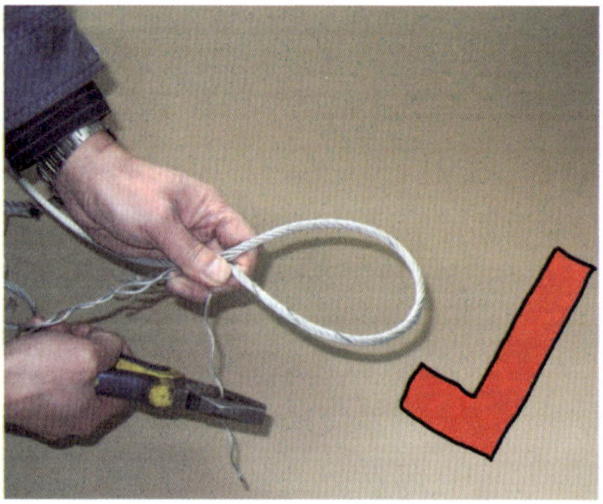

图 4-21

（2）严禁将手钳当成扳手或手锤使用。

四、錾子

錾子是用来錾削工件的工具。錾子长为 125 ～ 175mm。常见的錾子有扁錾、尖錾、油槽錾。见图 4-22。

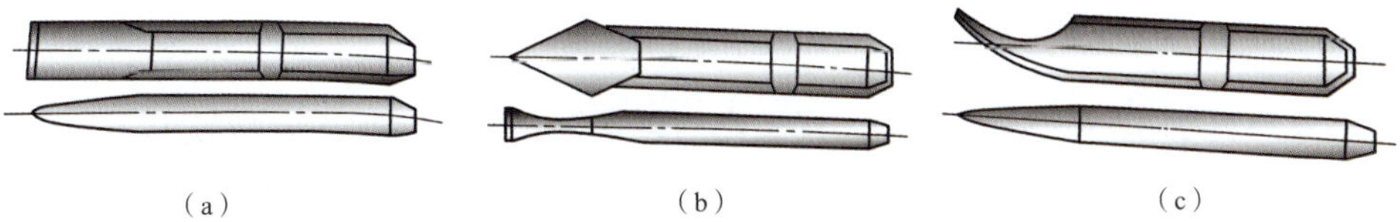

图 4-22

（a）扁錾；（b）尖錾；（c）油槽錾

錾削是指人用手锤敲击錾子对金属进行切削加工的操作。錾削一般用来錾掉锻件的飞边、铸件的毛刺和浇冒口，錾掉配合件凸出的错位、边缘及多余的一层金属，分割板料和錾切油槽等。

1. 安全要求

（1）錾子应用碳素工具钢锻制而成，平直无损。

（2）刃部应经淬火和回火处理，具有较高的硬度和韧性，刀刃应锋利。

（3）錾子刃宽：扁錾刃宽为 10 ～ 15mm ；窄錾刃宽为 5 ～ 8mm。

（4）錾头不得有毛刺。

2. 使用要求

（1）操作时不得戴手套，以免打滑。

（2）榔头的锤头与手柄连接应牢固，手柄上无油污。

（3）加工板材用扁平錾；加工窄小平面用尖錾；加工油槽用油槽錾。

（4）手握錾子时，露出虎口上面的錾子顶部不宜过长，一般为 10 ～ 15mm。见图 4-23。

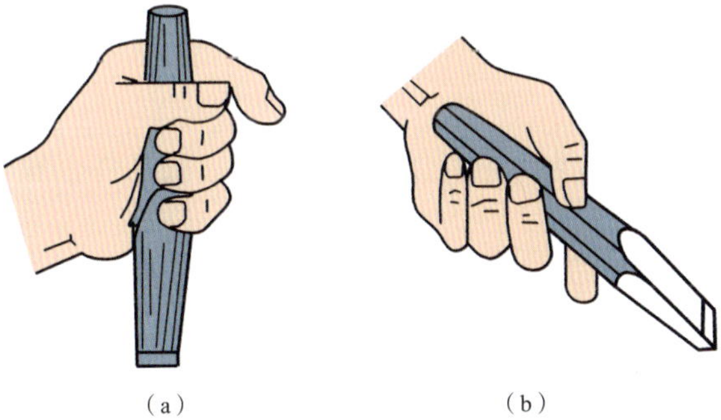

图 4-23

（a）正握法；（b）反握法

（5）錾削时，严禁錾口对人，注意切屑飞溅方向，以免伤人。

（6）錾削临近终了时，应减力锤击，以免用力过猛伤手。

五、丝锥、板牙

丝锥是加工内螺纹的工具，其操作为攻螺纹；板牙是加工外螺纹的工具，其操作为套螺纹。

（一）丝锥与铰杠

丝锥是一段开槽的外螺纹，由切削部分、校准部分和柄部组成。切削部分磨成圆锥形，切削负荷被分配在几个刀齿上；校准部分具有完整的齿形，用以校准和修光切出的螺纹，并引导丝锥沿轴向运动，丝锥有 3 ～ 4 条容屑槽，便于容屑和排屑；柄部有方头，用以传递扭矩。

铰杠是夹持丝锥方头的架子。见图 4-24。

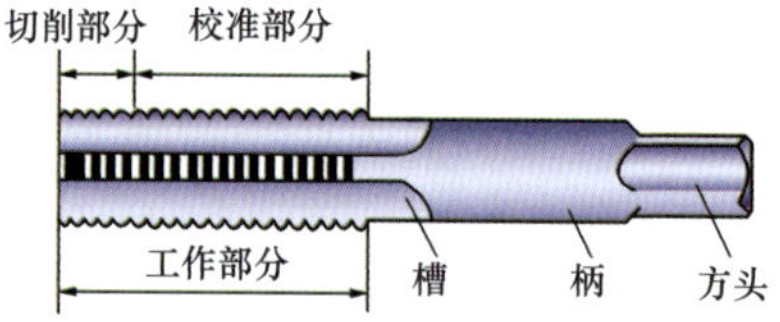

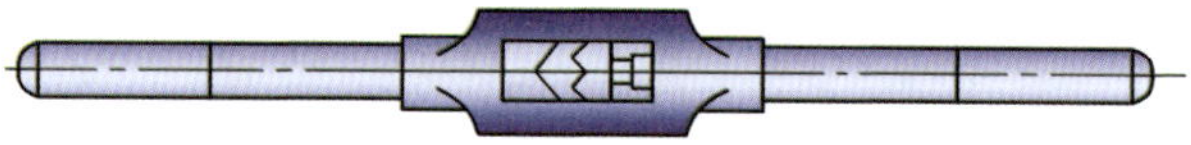

丝锥与铰杠

图 4-24

1. 安全要求

（1）丝锥应用合金工具钢或高速钢制造，并经淬火硬化。

（2）丝锥的切削刃必须锋利，螺纹完整，容屑槽无损。

（3）丝锥与铰杠装配合适、紧固。

2. 使用要求

（1）根据螺纹底孔直径，选用合适的丝锥。一般工件上螺纹底孔直径应比螺纹内径稍大些。

（2）不通孔攻螺纹时，钻孔深度应稍大于螺纹长度，增加长度为 0.7 倍的螺纹外径。

（3）铰杠的规格应与丝锥大小相适应。小丝锥不得用大铰杠，以防丝锥折断伤人。

（4）攻螺纹时，每转几转后应倒转 1/4 转，断屑，以防切屑过长甩出伤人。

（5）旋转铰杠时，不需要加压。

（6）在钢料上攻螺纹时，应加浓乳化液或机油。

（7）在铸铁件上攻螺纹时，一般不加切削液，若螺纹表面粗糙度要求较低时，可加煤油。见图 4-25。

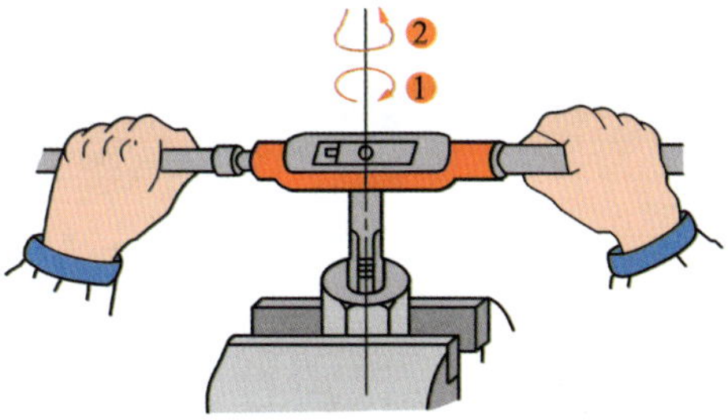

图 4-25

（二）板牙与板牙架

板牙是由切屑部分、定位部分和排屑孔组成。板牙的形状和螺母相似，在靠近螺纹外径有 3 ～ 8 个排屑孔，形成切削刃，外圆有 2 个调整螺钉的锥坑、2 个装夹螺钉的锥坑。按外形分为圆板牙、方板牙、六角板牙、管形板牙。

板牙架是夹持板牙的架子。见图 4-26。

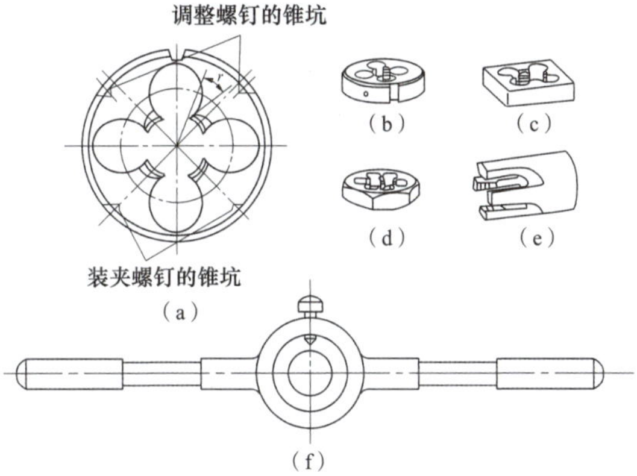

图 4-26

（a）板牙；（b）圆板牙；（c）方板牙；（d）六角板牙；（e）管形板牙；（f）板牙架

1. 安全要求

（1）板牙必须用合金工具钢或高速钢制造，并经淬火硬化。

（2）板牙的切削刃必须锋利，螺纹完整，排屑孔无损。

（3）板牙与板牙架装配合适、紧固。

2. 使用要求

（1）套螺纹前，根据圆杆直径选用板牙。圆杆直径应比螺纹外径小些，一般减小 0.2 ～ 0.4mm。

（2）开始转动板牙架时，应稍加压力，待板牙已切入圆杆后，不再施压力，均匀旋转即可。

（3）套螺纹时，每转几转后应倒转 1/4 转，断屑，以防切屑过长甩出伤人。

（4）钢件套螺纹应加切削液。见图 4-27。

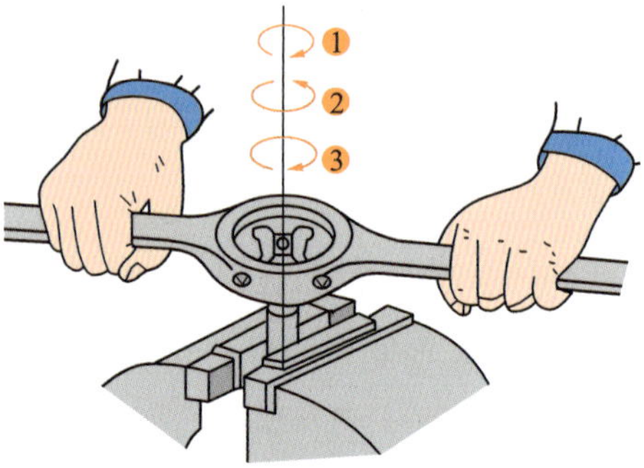

图 4-27

六、台式钻床

台式钻床是钻小孔的工具，由主轴架、立柱和底座等部分组成。其中，主轴架前端装主轴，后端装电动机，主轴和电动机之间用三角带传动，主轴下端有锥孔，用以安装钻夹头，扳转进给手柄，能使主轴向下移动，实现进给运动；立柱是用以支持主轴架；底座是用以支承钻床、装夹工件的工作台。见图 4-28。

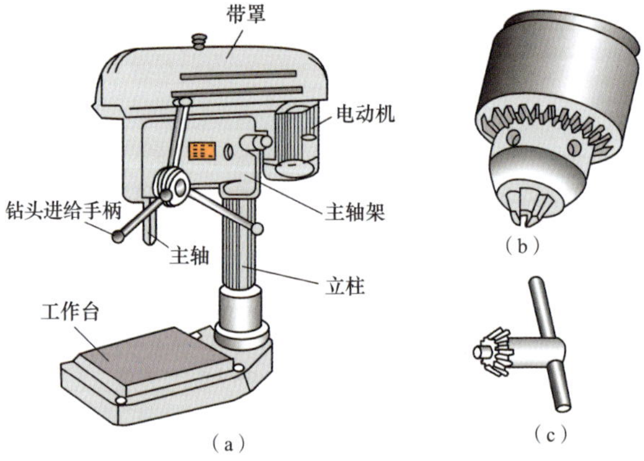

图 4-28

（a）台式钻床；（b）钻夹头；（c）固紧扳手

1. 安全要求

（1）钻床各部件应完好无损，固定稳固。

（2）钻夹头应固定牢固，自动定心卡爪应完整灵活，夹持钻头应垂直紧固。

（3）钻床电源线、接地线应完好无损，接地良好。

（4）底座、立柱应支承钻床稳固，工作台完好。

（5）钻床启动正常，扳转进给手柄，进给运动正常。

（6）钻床各保护装置应齐全、可靠。

（7）加工工件的孔径不得大于 12mm。

2. 使用要求

（1）操作人应穿工作服，头发卷起并戴在帽内。严禁戴手套。

（2）钻孔前，工件应划线定心，并在定心处冲出小坑。

（3）根据工件孔径大小和精度要求选择合适的钻头。

（4）装夹钻头后，必须开车检查钻头是否偏摆。

（5）钻大孔时，转速应低些，以免钻头磨钝。

（6）钻小孔时，转速应高些，进给慢些，以免钻头折断。

（7）钻孔时，进给速度应均匀，快钻通时，进给量要减小。

（8）钻韧性材料时，应加切削液。

（9）钻深孔时，钻头应经常退出、排屑和冷却，以防切屑过长甩出伤人。

（10）钻头连续使用时间较长时，必须停止冷却，以防钻头过热折断伤人。

（11）清除切屑时，必须停钻进行，应用刷子，不得用手抹或用嘴吹。

七、台虎钳

台虎钳是安装在工作台上的，用来夹持工件的一种工具。台虎钳由钳体、底座、导螺母、丝杠、钳口体等组成，分为固定式和回转式两种。见图 4-29。

（a）

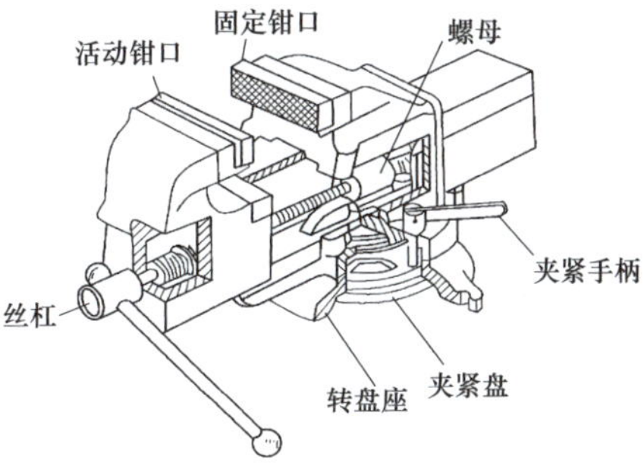

（b）

图 4-29

1. 安全要求

（1）台虎钳安装时，钳口工作面应位于工作台边缘，且固定牢固。

（2）台虎钳夹紧手柄后，转盘应稳固不动。

（3）转动丝杆时，带动活动钳身行走灵活、无卡涩。

（4）台虎钳的钳口完好，夹持工件牢固。

（5）丝杠、螺母等活动表面未生锈，且润滑良好。

2. 使用要求

（1）夹持工件时，应用手扳紧即可，不得用加力杆或敲击。

（2）严禁在活动钳身和光滑平面上敲击作业。

（3）虎钳使用后，应松开钳口。

八、射钉器（枪）

射钉器（枪）是利用发射空包弹产生的火药燃气作为动力，将射钉打入建筑体的工具。它包括射钉弹、射钉。见图 4-30。

（a）　（b）　（c）

图 4-30

（a）射钉器（枪）；（b）射钉；（c）射钉弹

1. 安全要求

（1）射钉器必须有出厂检验合格证。

（2）使用者应熟知射钉器构造、工作原理及操作方法。

（3）使用前，检查射钉器各部位，确认无误后，方可使用。

（4）根据被固件和基体的材料，选择适当的射钉弹和射钉。

（5）在射钉器使用结束，或维修、保养前，必须取出射钉弹。

2. 使用要求

（1）射钉器应先装射钉，后装射钉弹。

（2）装入射钉弹后，严禁用手拍打发射管、推压钉管或对准人，并注意不要摔落在地上。

（3）射击时，应将送弹器推到原位后，方可射击。

（4）对已装好射钉和射钉弹的射钉器，如暂时不用时，应立即将弹、钉退出。

（5）射击时，如射钉弹未发火，应等待 5s 以后，才能松开射钉器，抽出送弹器，将弹旋转 90°，再进行第二次或第三次射击，若再不发火，则可更换新弹射击。

（6）每发射击后，应立即拉出送弹器，退出弹壳。

（7）如连续射击，射钉器各运动零件有阻滞现象或发射管过热，应将射钉器拆卸，在煤油中清洗或冷却后再用。

（8）射击完毕后，必须拆卸，零件用煤油清洗，擦拭干净后，涂上防锈油。

第四节 人工搬运

人工搬运是指利用肩扛（抬）、手搬（抬），或者使用撬杠、滚杠、跳板等工具将物件移位。

一、肩扛（抬）

肩扛（抬）是用人体的肩部扛起物件后移位的一种方式。肩扛是 1 人，肩抬是多人。作业时的安全要求：

（1）物件重量以不超过本人体重为宜。

（2）肩扛时，最好有人搭肩，搭肩应稍下蹲，待重物到肩后，直腰起立，不能弯腰，以防扭伤腰部、重物掉落伤人。见图 4-31。

图 4-31

（3）肩扛管子、工字铁梁等长形物件时，应注意防止物件甩动打伤他人。见图 4-32。

图 4-32

（4）搬运开口容器内的液体时，液体不得盛满，严禁肩扛搬运。见图 4-33。

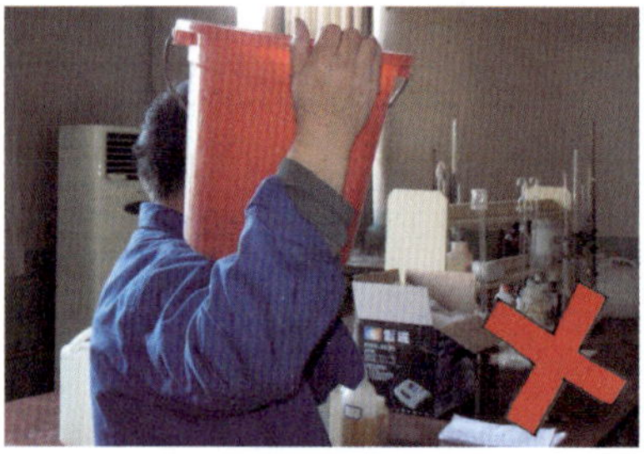

图 4-33

（5）严禁一人肩扛压缩气瓶搬运。

（6）严禁用肩扛、背驮的方法搬运盛装浓酸（碱）溶液的容器。

（7）多人抬运物件时，必须有一人喊号，步调一致，同起同落，换肩时重物须放下。

（8）二人抬运物件时，水平行走必须顺肩，前后行走必须同肩，上下起落应一致。见图 4-34。

图 4-34

二、手搬（抬）

手搬（抬）是用手部搬起物件后移位的一种方式。手搬是 1 人，手抬是多人。

作业时的安全要求：

（1）手搬物件时应量力而行，不得搬运超过自己能力的物件。

（2）手搬物件时，物件的高度不得超过人的眼睛。见图 4-35。

图 4-35

（3）严禁用手抱的方法搬运盛装浓酸（碱）溶液的容器。

（4）容易破碎的物品必须放在适当的框、篮或架子上搬运。见图 4-36。

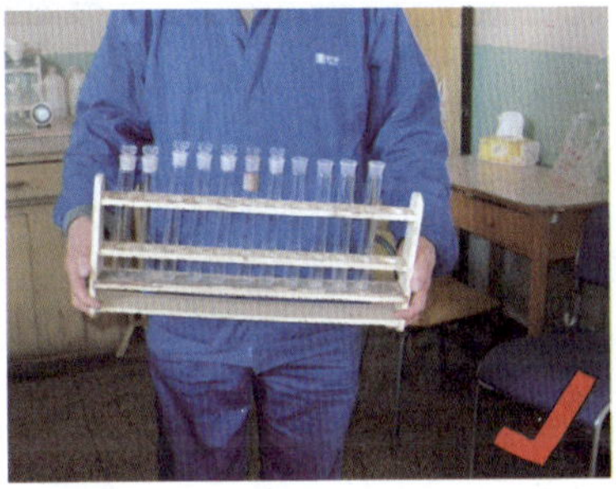

图 4-36

（5）两人或多人手抬物件时，必须统一指挥、相互配合，同起同落、同时行进。见图 4-37。

图 4-37

（6）在升压站搬运较长物件（如梯子）时，必须两人手抬搬运。

三、撬杠

撬杠是用来撬动物件移位或调整方向的常用工具。作业时的安全要求：

（1）作业时应将撬杠放在身体一侧，两腿叉开，两手用力。

（2）严禁骑在撬杠上作业。

（3）严禁将撬杠放在肚子下作业，以免撬杠滑脱或反弹伤人。见图4-38。

图4-38

四、滚杠

移动较为沉重的重物时，一般多采用滚杠，即在重物的下方放入托板，在托板的下方放入滚杠。作业时的安全要求：

（1）使用的滚杠能承受重压、直径相同、光滑笔直。

（2）滚杠承受重物后两端各露出约300mm，以便调节转向。

（3）在重物滚动搬运中，放置滚杠应在重物移动的前方，并应有一定距离。需要增加滚杆时必须停止移动。严禁用手去拿受压的滚杠，以防压伤手指。见图4-39。

图4-39

（4）调整滚杠方向时，应用锤击，严禁用手搬动。

（5）重物上坡时，应用木楔垫牢滚杠，以防滚杠滚下。

（6）重物下坡时，必须用绳子拉住重物，防止下滑过快。见图 4-40。

图 4-40

五、跳板

用人工搬运或装卸较重物件时，需要搭设跳板。作业时的安全要求：

（1）必须使用厚 50mm 以上木板，不得使用腐朽、扭纹、破裂的跳板。

（2）单行跳板宽度不小于 600mm，双行跳板宽度不小于 1200mm。

（3）跳板坡度不大于 1:3。跳板长超过 5000mm 时，下部应设支撑。

（4）跳板两头应包扎铁箍，以防裂开。

（5）从斜跳板卸物件时，必须用绳子将物件从后面拴住，作业人员应站在卸放重物的两侧，严禁站在卸放重物的正面下边。见图 4-41。

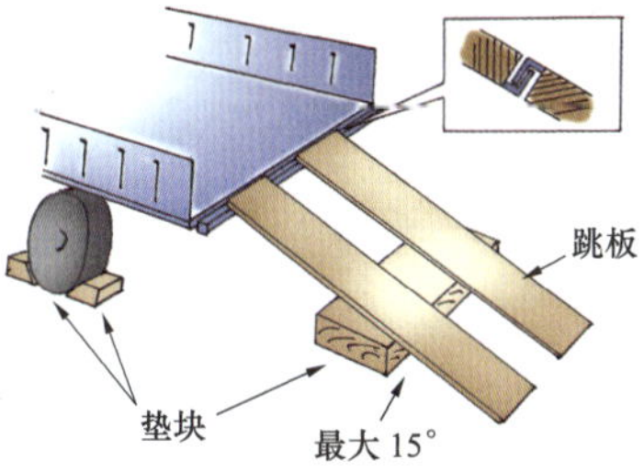

图 4-41

六、简单搬运工具

搬运物件距作业点较远时，需要使用简单的搬运工具。作业时的安全要求：

（1）搬运盛装浓酸（碱）溶液的容器时，应 2 人搬运，严禁 1 人单独搬运。

（2）用车子或抬箱搬运浓酸（碱）溶液容器时，必须将容器放在车上或抬箱中，且捆绑牢固。

（3）加热的液体应放在专门的容器内搬运，且不应盛满，应用车子推或 2 人抬。严禁 1 人肩荷搬运。

（4）用小车推物时，无论是推或拉，物体必须在人的前方。

（5）搬运压缩气瓶时，应 2 人手抬放入专用小车搬运。严禁抛丢或在地上滚撞。见图 4-42。

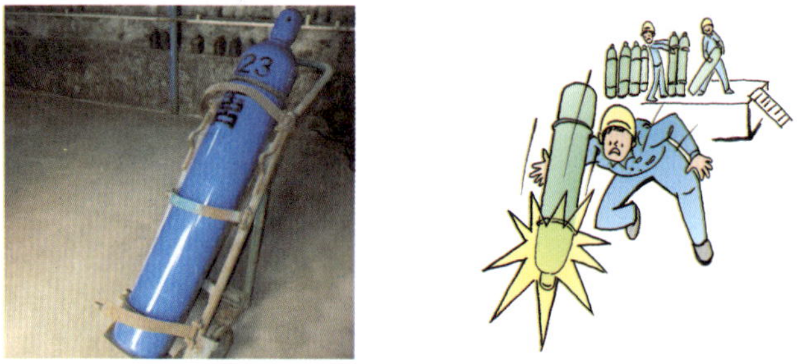

（a）　　（b）

图 4-42

（6）使用三轮车、手推车搬运管子、工字铁梁等长形物件时，应垫好防滑垫板，且捆绑牢固。见图 4-43。

图 4-43

（7）使用手推车搬运物体时，重物装载应均衡，防止翻车伤人。见图 4-44。

图 4-44

第五节 脚手架上落物防控

在脚手架上作业是高处作业常见的一种形式，由于脚手架搭设不规范、安全防护不当、个人行为过失等原因，有可能会造成物体从架上落下，砸伤下方人员。

一、安全作业现场

（1）搭设一般脚手架时，应加装踢脚板（高度为 180mm），脚手板满铺。必要时在脚手板上应铺设苫布，动火时铺设石棉布。见图 4-45。

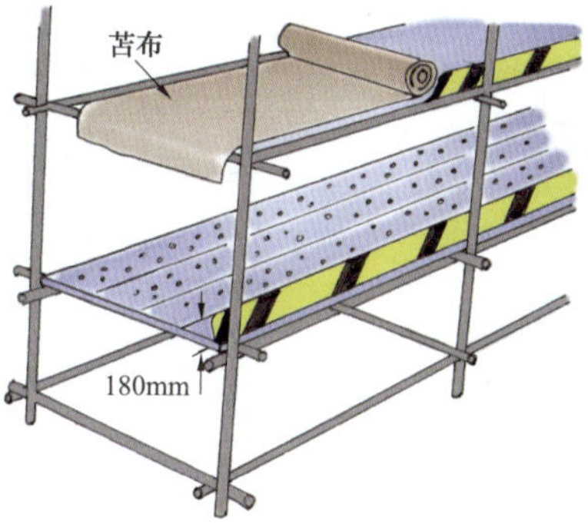

图 4-45

（2）搭设满堂脚手架时，踢脚板的高度为 180mm，作业层立面必须满挂密目安全网。见图 4-46。

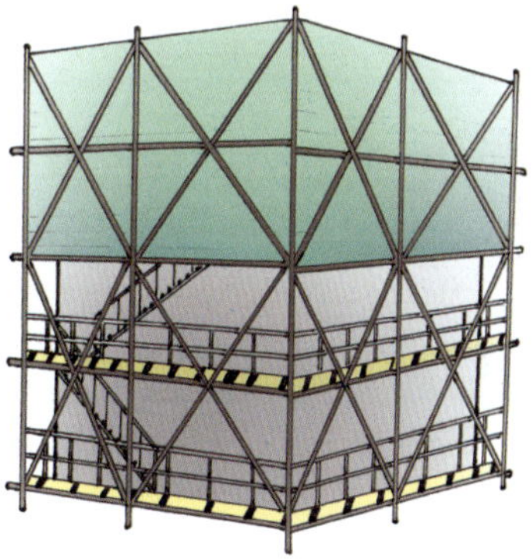

图 4-46

（3）搭设安全通道防护棚。见图 4-47。

1）安全通道防护棚一般用钢管扣件搭设。

2）防护棚长度根据建筑物坠落半径确定，一般为3m和6m两种，高度一般为4.5m。

3）防护棚一般采用双层顶棚形式，顶层满铺50mm厚脚手板，两层板之间应保持700mm间距。

4）防护棚两侧搭设剪刀撑，并满挂密目安全网。

5）防护棚两侧应搭设钢管立柱，在进口处张挂安全警示标识、安全宣传标语和提示牌。

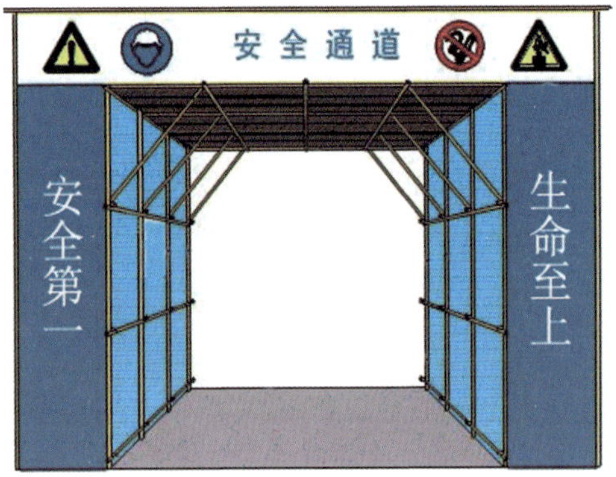

图4-47

（4）高层建（构）筑物施工时，外脚手架立面必须满挂密目安全网，防止物件飞落伤人。见图4-48。

图4-48

（5）安全网的基本安全要求。

1）平网的安全要求。

① 网面不宜绷得过紧，平网的安装平面或与水平面平行，或外高里低，角

度一般为 15°。

② 平网安装后应有一定的下陷，网面与下方物体表面的最小距离不小于 3m。

③ 两层平网的间距不超过 4m。

④ 平网与架体连接不宜绷得过紧，系结点要沿边分布均匀、绑牢。见图 4-49。

图 4-49

⑤ 严禁人员跳入或将物体投入到平网内。见图 4-50。

图 4-50

2）立网的安全要求。见图 4-51。

① 外墙脚手架高处作业必须安装密目式安全立网（一般规格为 $10cm^2$ 800 目）。

② 立网的安装平面应与水平面垂直，网平面与作业面边缘的间隙不超过 10cm。

③ 立网与架体连接不宜绷得过紧，系结点要沿边分布均匀、绑牢。

④ 密目式安全立网严禁作为平网使用。

图 4-51

二、安全作业行为

（1）脚手架下方必须设警戒区域，悬挂安全警示牌，非工作人员严禁入内。

（2）在脚手架上作业时，严禁上下抛掷物件、工具、材料等。见图 4-52。

图 4-52

（3）脚手架上的零散物件应及时清理，应放入专用箱内，并摆放整齐。见图 4-53。

图 4-53

（4）脚手架上的堆置物应摆放整齐和牢固，严禁超高摆放，以防掉落。见图 4-54。

图 4-54

（5）脚手架上的大件物应分散摆放，不得集中堆放，以防超重坍塌。见图 4-55。

图 4-55

（6）脚手架上的废弃物应及时清理，并用绳子系牢后溜放到地面。见图 4-56。

图 4-56

（7）使用的工具应及时放入工具袋内，工具袋应在脚手架上系牢。见图 4-57。

图 4-57

（8）避免立体交叉作业，必须交叉作业时，上下层之间要做好隔离防护层。见图 4-58。

图 4-58

第六节　高处落物防控

高处落物主要指高处作业人员向下抛掷物件、搬运物件失控掉落或高处物件摆放失稳掉落，有可能砸伤下方人员。

一、安全作业现场

（1）高处作业时，必须做好防止物件掉落的防护措施，下方设置警戒区域，并设专人监护。必要时在作业区域内搭设防护棚。见图 4-59。

图 4-59

（2）生产现场的孔洞盖板必须盖好，以防砸伤下方人员。见图 4-60。

图 4-60

（3）格栅式平台作业区域的下方应设置警戒区域，专人监护。必要时可在平台上铺设垫布（皮、板子等）。

（4）上下层同时作业时，中间必须搭设严密牢固的防护隔板、罩棚或其他隔离设施。

（5）在建（构）筑物上方存在落物危险的场所，下方应设置警戒区域、专人监护。见图 4-61。

图 4-61

（6）在有可能高处落物的场所必须悬挂“当心落物”警告牌。

二、安全作业行为

（1）在进行高处工作时，不得在工作地点的下面通行或逗留。

（2）高处作业必须佩戴工具袋时，工具袋应拴紧系牢。见图 4-62。

图4-62

（3）高处上下传递物件时，应用绳子系牢物件后，再传递。严禁上下抛掷物件。见图 4-63。

（a）　　　　（b）

图4-63

（4）高处临边不得堆放物件。空间小必须堆放时，必须采取防坠落措施。见图 4-64。

图4-64

（5）发现高处有可能坠落的物件应及时加固，或采取其他防坠落措施。见图 4-65。

图4-65

（6）较长的物件应用绳拴在牢固的构件上，不准随便乱放，以防失稳坠落。见图 4-66。

图4-66

（7）高处场所的废弃物应及时清理。

（8）进入锅炉燃烧室前，应检查砖块、焦渣有无塌落的危险，如有危险应先打焦渣后进入。

（9）发现建（构）筑物或设备等高处有结冰时，应及时清理。

第五章 触电防控

第一节 概 述

人身直接接触电源，在人体内形成电流，就造成触电。触电形式有单相触电、两相触电、跨步电压触电、接触电压触电、雷击触电形式。发电企业常发生触电的原因及作业场所（场合）有使用不合格的绝缘安全用具、使用不合格的电动工具、临时用电作业现场、误触碰带电体、电气误操作等。

（1）单相触电。人体某一部分触及一相带电体。此类事故占触电事故总数的95%以上。见图 5-1。

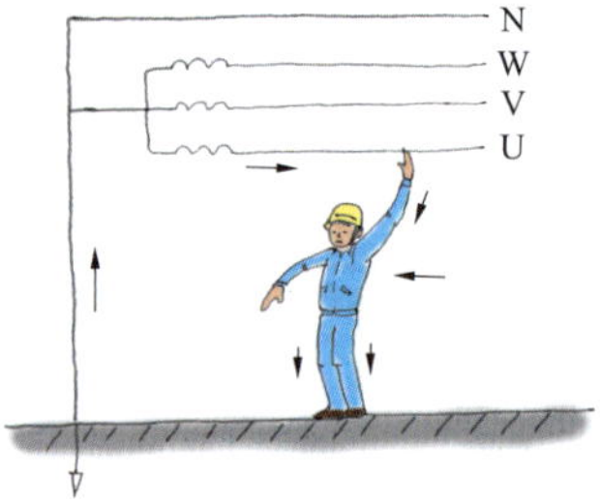

图 5-1

（2）两相触电。人体两个部位同时触及两相带电体。施加人体的电压为全部工作电压，这种触电方式造成的后果最严重。见图 5-2。

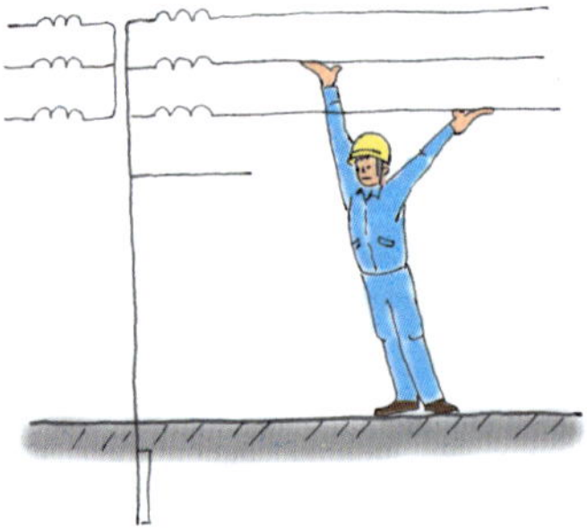

图 5-2

（3）跨步电压触电。当电力系统一相接地或电流自接地体向大地流散时，将在地面上呈现不同的电位分布，当人的两脚站在不同电位地面上时，两脚之间承受的电位差，称为跨步电压。距接地点越近，跨步电压越大；距接地点越远，跨步电压越小。当电流通过人的两腿时，两腿会发生抽搐使人跌倒。见图 5-3。

图 5-3

（4）接触电压触电。当电气设备接地短路时，不仅会发生跨步电压触电，也会发生接触电压触电。例如，运行中的电动机因故障使外壳带电，当人体接触电动机外壳时，将会触电。见图 5-4。

图 5-4

（5）雷击触电。接触因雷击产生的感应电荷引起的电伤害。雷雨天，高耸物体（如旗杆、高树、塔尖、烟囱等）是闪电通道，所带感应电荷比地面大，人在下面有可能会被击伤。见图 5-5。

图 5-5

第二节 个人能力与防护

一、个人能力要求

（1）电工属于特种作业人员，包括电气操作人员、电气检修和维护人员。

（2）电工必须经专业技能培训，并应取得《特种作业操作证》（电工作业）。见图 5-6。

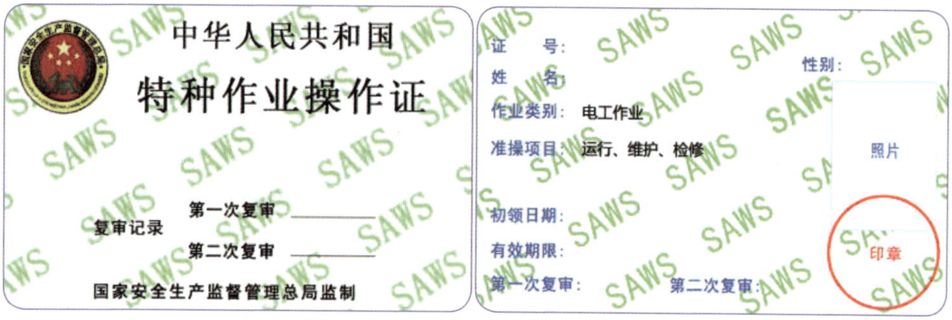

图 5-6

（3）带电作业人员除取得《特种作业操作证》外，还须取得《带电作业资格证》。

二、个体防护要求

电工的个体防护用品主要有高压绝缘鞋（靴）、高压绝缘手套等，而且必须选用具有国家《劳动防护用品安全生产许可证书》资质单位的产品。见图 5-7。

图 5-7

（1）高压绝缘鞋（靴）。使用绝缘材料制作的一种安全鞋。凡从事电气作业的人员必须穿绝缘鞋（靴），且满足以下安全要求：

1）鞋帮上应有绝缘永久标记（如红色闪电符号），鞋底有耐电压多少伏等标记，鞋胶料部分无破损。

2）绝缘鞋（靴）的检验周期为 6 个月，并贴有“检验合格证”标识。实验内容：交流耐压实验 1min，15kV；泄漏电流小于或等于 7.5mA。

3）必须在规定的电压范围内使用，不得在水、油、酸、碱等环境内作为辅助安全用具使用。

4）绝缘鞋（靴）应干燥，不得在鞋底上钉铁钉。

（2）高压绝缘手套。用天然橡胶制成，即用绝缘橡胶或乳胶经压片、模压、硫化或浸模成型的五指手套。手套长度为 457mm。凡从事电气倒闸操作人员必须戴绝缘手套，且满足以下安全要求：

1）高压绝缘手套按电压等级分为 10、20、30、35、40kV 等，操作人员可根据不同电压等级的作业场所正确选择。

2）高压绝缘手套的检验周期为 6 个月，并贴有“检验合格证”标识。试验内容：交流耐压试验 1min，8kV；泄漏电流小于或等于 9mA。

3）每次使用高压绝缘手套前，必须作气密性试验检查，确认无漏气后方准使用。检查方法：将高压绝缘手套从口部向上卷，稍用力将空气压至手掌及指头部分，检查无漏气方准使用。严禁用嘴吹气试验。见图 5-8。

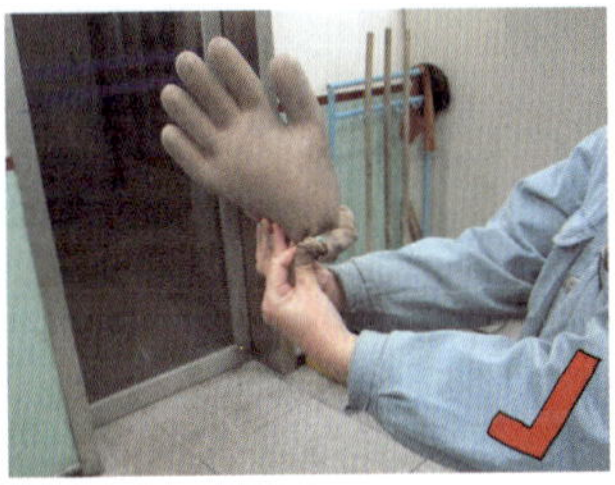

（a）

（b）

图 5-8

4）高压绝缘手套应存放在密闭的橱内，应与工具、仪表分别存放。见图 5-9。

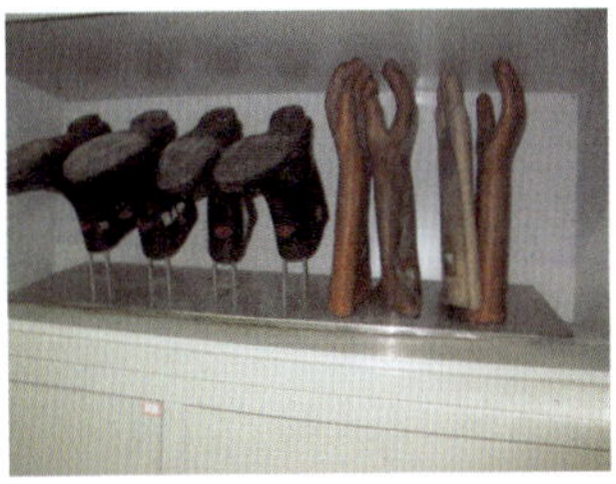

图 5-9

5）使用高压绝缘手套时，不得接触油类及腐蚀性物质。

三、着装要求

（1）电工必须穿好工作服、绝缘鞋，戴好安全帽。

（2）验电、接地线的操作人员必须穿好工作服、绝缘鞋（靴），戴好安全帽、绝缘手套。见图 5-10。

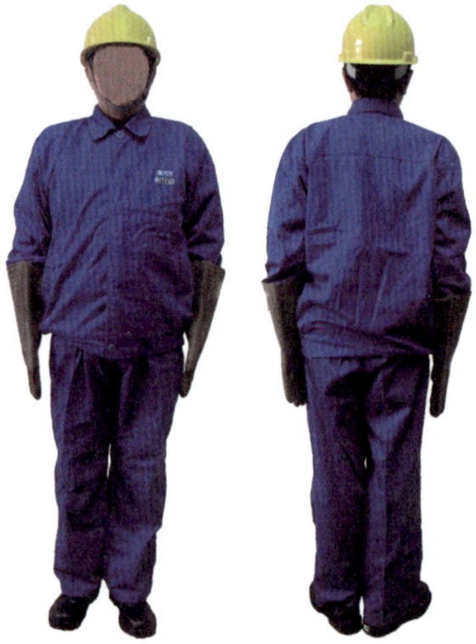

图 5-10

第三节 绝 缘 安 全 用 具

绝缘安全用具是指能直接操作带电设备或触及可能带电体的工器具。必须选用具有“生产许可证”、“产品合格证”、“安全鉴定证”的产品；使用前必须检查是否贴有“检验合格证”标签及检验周期。发电企业常用的绝缘安全用具有绝缘操作杆、验电器、携带型短路接地线等。

一、绝缘操作杆

绝缘操作杆是由工作头、绝缘杆和握柄构成，用于短时间对带电设备进行操作的绝缘工具。绝缘杆主要用于接通或断开高压隔离开关、跌落式熔断器，装拆携带式接地线，以及进行测量和试验。按电压等级分为 10、35、110、220、330、500kV，按长度分为 3 、4 、5 、6 、8 、10m。见图 5-11。

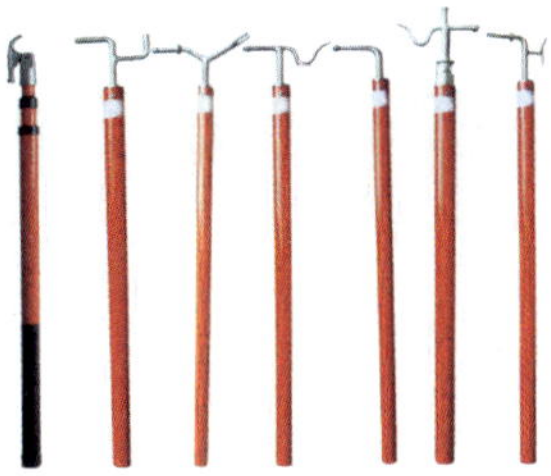

图 5-11

1. 绝缘操作杆的安全要求

（1）绝缘操作杆的电压等级标识必须清晰、准确。

（2）绝缘操作杆的绝缘部分长度不得小于 0.7m。

（3）连接绝缘操作杆的节与节的丝扣必须完好，连接牢固。

（4）绝缘操作杆必须定期检验，检验周期为 12 个月。试验内容：交流耐压试验 5min，44kV。

（5）绝缘杆应悬挂在支架上，不得与墙面接触或斜放。

2. 绝缘操作杆的使用要求

（1）使用前必须对绝缘操作杆进行外观检查，且核对与操作设备的电压等级。

（2）在连接节与节的丝扣时，绝缘杆应离开地面拧紧丝扣。以防杂草、土进入丝扣中或粘在杆体的表面上。

（3）使用时应避免减少对杆体的弯曲力，以防损坏杆体。

（4）使用后应及时将杆体表面的污迹擦拭干净，并把各节分解后装入专用工具袋内。

（5）对不合格的绝缘杆必须立即报废，严禁降低标准使用。

二、验电器

验电器由接触电极、指示器、绝缘杆和握柄构成，是检验电气设备、线路是否带电的装置。按电压等级分为 3 ～ 10、35、110、220、500kV。见表 5-1 和图 5-12。

表 5-1　验电器分类表

序号	验电器（kV）	缩态长度（mm）	伸态长度（mm）	有效绝缘长度（mm）	握柄长度（mm）	伸缩绝缘杆节数（节）	质量（g）
1	3 ～ 10	380	1000	700	130	5	400
2	35	480	1500	1100	200	5	500

续表

序号	验电器（kV）	缩态长度（mm）	伸态长度（mm）	有效绝缘长度（mm）	握柄长度（mm）	伸缩绝缘杆节数（节）	质量（g）
3	110	580	2000	1440	400	5	600
4	220	780	3100	2440	500	5	1000
5	500	1600	7200	6000	1200	5	2500

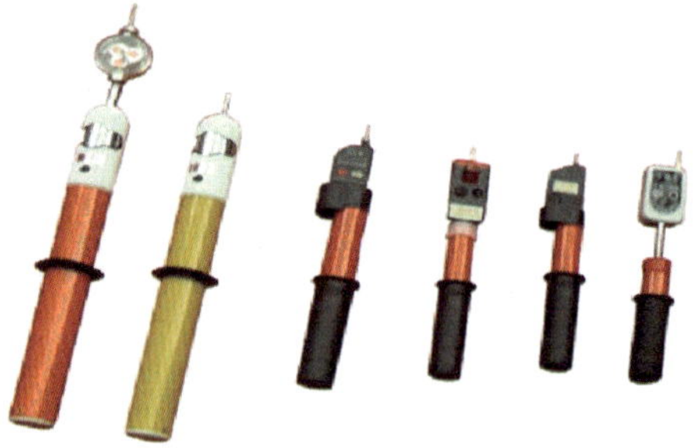

图 5-12

1. 验电器的安全要求

（1）验电器的电压等级标识必须清晰、准确。

（2）验电器必须定期检验，检验周期为 6 个月。实验内容：交流耐压实验 5min，44kV，发光电压小于或等于 7.5mA。

（3）验电器应存放在防潮柜内，并放在干燥的地方。

2. 验电器的使用要求

（1）使用前必须对验电器进行外观检查，且核对与被检测用电设备的电压等级。

（2）验电前，必须先在已知有电的高压设备上测试，确认验电器完好。

（3）验电时，应将验电器缓慢移近高压设备，直到接触导体部分。若验电器无声、光指示，可判断为无电；否则，有电。

三、携带型短路接地线

携带型短路接地线由导线端线夹、短路线、接地线、接线鼻、汇流夹、接地端线夹（或临时接地极）以及接地操作棒构成。它是用于防止电气设备、线路突然来电，消除感应电压，放尽剩余电荷的临时接地装置。它分为三相三线制、三相四线制。

1. 携带型短路接地线的安全要求

（1）携带型短路接地线必须编号、登记。

（2）携带型短路接地线检验周期为五年，检验项目同出厂检验。

（3）存放携带型短路接地线时，应对号入座，并挂在墙上或放在箱内。见图 5-13。

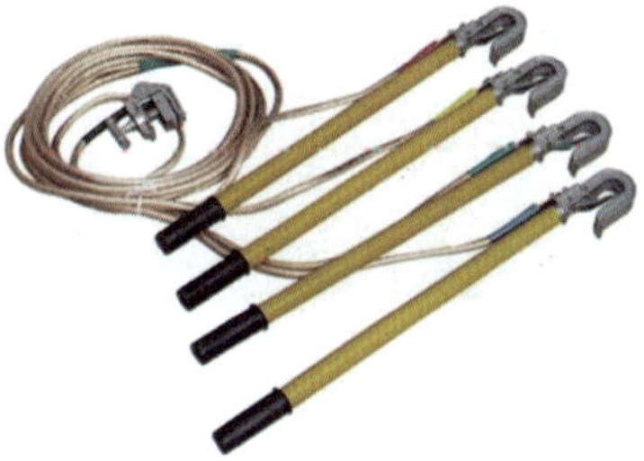

（a）

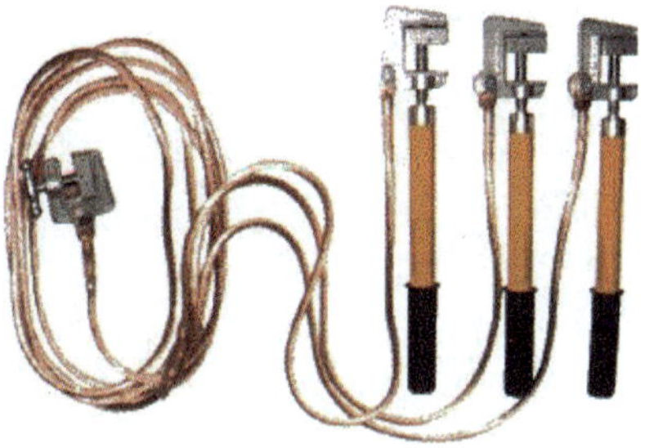

（b）

图 5-13

2. 携带型短路接地线的使用要求

（1）使用前必须对接地线的外观检查，并按不同电压等级选用对应规格的接地线。

（2）挂接地线前，必须先验电，确认导体无电。

（3）挂接地线时，应先挂接地端后挂导体端；拆除接地线时，与此相反。

（4）严禁使用其他金属线代替接地线。

（5）检修人员不得擅自变更挂接地线的地点。

第四节　手持电动工具

手持电动工具是以电动机或电磁铁为动力，通过传动机构驱动工作头的一种机械工具。它分为三类：一类工具为金属外壳，电源部分具有绝缘性能，适用于干燥场所；二类工具不仅电源部分具有绝缘性能，同时外壳是绝缘体，即具有双重绝缘性能，工具铭牌上有“回”字标记，适用于比较潮湿的作业场所；三类工具是由安全电压电源供电，适用于特别潮湿的作业场所和在金属容器内作业。发电企业经常使用的电动工具有手电钻、冲击钻、电锤、砂轮机、坡口机、手提电锯等。

一、手持电动工具的安全要求

（1）购置时，必须选用具有“中国电工产品安全认证”、“产品合格证”的产品。

（2）使用前，必须检查工具上贴有“检验合格证”标识，检验周期为6个月。见图5-14。

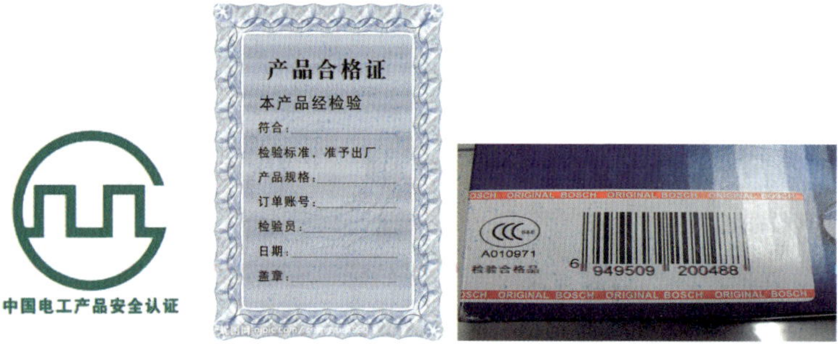

（a）　　（b）　　（c）

图5-14

（3）手持电动工具的绝缘电阻、耐压试验须满足以下指标：

1）绝缘电阻。用500V绝缘电阻表测量，带电部件与外壳之间绝缘电阻值。Ⅰ类工具，≥2MΩ；Ⅱ类工具，≥7MΩ；Ⅲ类工具，≥1MΩ。

2）耐压试验。绝缘耐压试验电压为380V，试验时间为1min通过。

（4）手持式电动工具必须采用橡皮护套铜芯软电缆，不得有接头。

二、手持电动工具的使用要求

（1）使用前，必须检查电动工具外观完好，试转正常；且根据使用场所正确选用不同电压类别的电动工具。

（2）使用金属外壳的电动工具时，应戴绝缘手套。

（3）使用塑料外壳的电动工具时，不得与汽油及其他有机溶剂接触。

（4）手持电动工具必须接在装有漏电保护器的电源上。见图5-15。

图5-15

（5）工具的电源线不得接触热体、潮湿或腐蚀的地上。经过通道必须采取架空或套管等保护措施，严禁重物压在导线上。

（6）使用电动工具时，不得提着电动工具的导线或转动部分。见图 5-16。

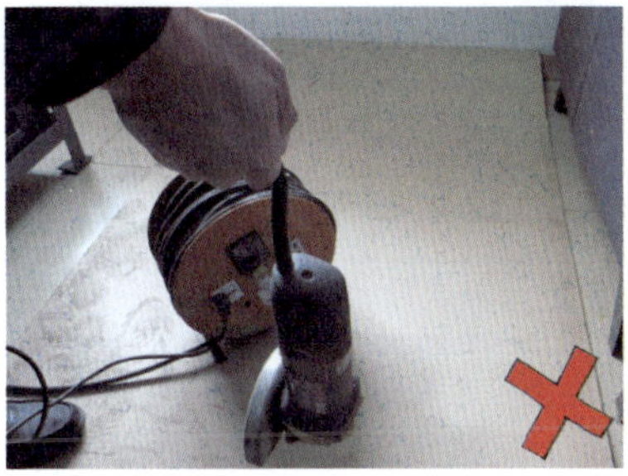

图 5-16

（7）使用工具时，不得将电缆金属丝直接插入插座内使用。见图 5-17。

图 5-17

（8）长期搁置不用或受潮的工具使用前，必须摇测绝缘电阻，合格后使用。

（9）作业点距检修电源箱较远时，应用移动电缆盘或移动开关箱，不得接长工具自带的电缆。见图 5-18。

图 5-18

（10）在金属容器内和狭窄场所必须使用 24V 以下的电动工具，或选用Ⅱ类手持式电动工具。

（11）电源连接器和控制箱等设备应放在容器外面。

（12）吊篮上使用的便携式电动工具的额定电压值不得超过 220V，并应有可靠的接地。

第五节　现场临时用电防控

现场临时用电是指现场作业中需要使用各种电气设备、电动工具、照明等用电。发电企业常见的临时用电设备有检修电源箱、移动电缆盘、临时照明、电焊机、临时电缆敷设等。

一、检修电源箱

检修电源箱是专为生产现场配备的临时电源（交流电压 380V/220V），它分为普通检修电源箱、防爆检修电源箱。见图 5-19。

（a）　　（b）　　（c）

图 5-19

（a）带接线柱检修电源箱；（b）带固定插座检修电源箱；（c）防爆检修电源箱

1. 检修电源箱的安全要求

（1）箱内必须安装自动空气开关、漏电保护器、接线柱或插座、专用接地铜排和端子等。

（2）箱内的专用接地铜排必须与箱体绝缘隔离，且直接接入主接地网，接地引下线截面不得小于 $50mm^2$。

（3）电缆屏蔽接地必须接至专用接地铜排上。

（4）箱体必须有明显的可靠接地，接地、接零标志应清晰。

（5）检修电源箱必须固定牢固。

（6）防爆检修电源箱应安装于氢站、氨站、油区、危险化学品间等特殊场所。

2. 检修电源箱的使用要求

（1）电源接线必须由电工进行，非专业人员严禁接线。

（2）电源线必须从检修电源箱的进线孔引出，严禁从箱门将电源线引出。

（3）严禁将电源的接地线缠绕在地线板上，接地线必须用螺丝压紧。

（4）接临时电源时，必须核对用电负荷与电源箱的载荷容量，严禁超载用电。见图 5-20。

图 5-20

（5）用电设备的电源线应接在检修电源箱的接线柱或专用插座上，严禁接在自动空气开关上。见图 5-21。

图 5-21

（6）严禁用其他金属丝（如铜丝、铁丝、铝丝等）代替熔丝。见图 5-22。

图 5-22

（7）对用电的重要电源（如卷扬机、容器内照明等），应使用专用电源箱并加锁。见图 5-23。

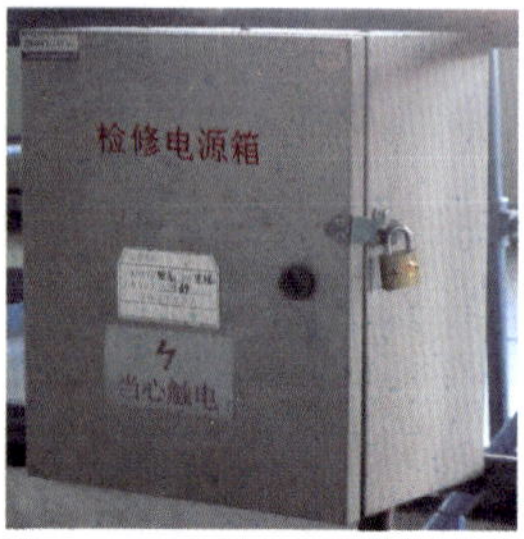

图 5-23

（8）严禁将检修电源箱放置在容器内。见图 5-24。

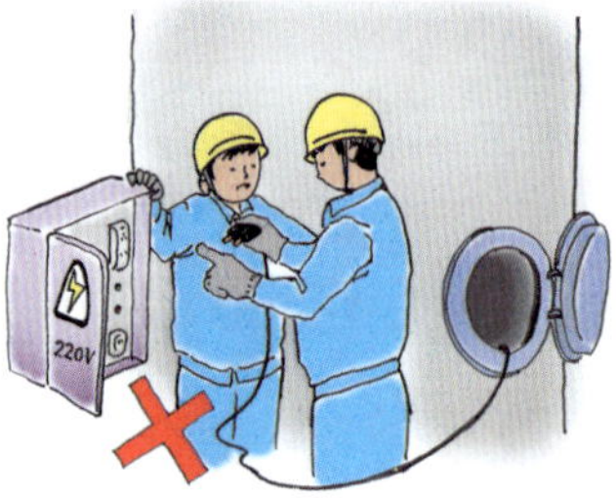

图 5-24

（9）拆线时，严禁在不解开接线螺丝的情况下，直接拽下电源线。

二、移动电缆盘

移动电缆盘是指可以缠绕导线或电缆的线盘，对于小型的电缆盘有线盘支架和提手，大型的电缆盘带有脚轮。它分为普通电缆盘和防爆电缆盘。

1. 电缆盘的安全要求

（1）电缆盘必须装有插座、漏电保护器和电源指示灯。

（2）漏电保护器的额定漏电动作电流不大于 30mA，动作时间不大于 0.1s。

（3）电压型漏电保护器的额定漏电动作电压不大于 36V。

（4）防爆电缆盘适用于氢站、氨站、油区、危险化学品间等特殊场所。见图 5-25。

（a）　（b）　（c）

图 5-25

2. 电缆盘的使用要求

（1）使用前必须对电缆盘的外观进行检查，以确认电缆无破损，漏电保护器可靠等。

（2）严禁使用已损坏或无漏电保护器的电缆盘。

（3）严禁用电缆盘连接电气设备，严禁超载运行。

（4）电动工具与电缆盘连接时，必须用插头连接，严禁将铜丝插入插孔内。

（5）电缆不得搭在热源上、易燃易爆物品上或浸泡在水中。

（6）使用后应及时将电缆卷起。

三、临时照明

临时照明常见的有固定式照明、移动式照明。固定式照明一般使用交流220V电压，移动式照明一般使用安全电压。灯具常见的有普通型、防爆型。防爆型灯具一般用于氢站、氨站、油区、危险化学品等特殊场所。

1. 交流220V临时照明的安全要求

（1）临时照明导线应用橡皮绝缘线，安装时应将导线悬挂固定，严禁接触高热、潮湿及有油的物体表面或地面上。

（2）临时照明电源必须接在装有相应容量的开关、熔断器及漏电保护器的电源处，严禁将临时线直接接在电源干线上。

（3）室内悬挂灯具距基准面不得低于2.4m，如受条件限制可减为2.2m。室外悬挂灯具距基准面不得低于3m。见图5-26。

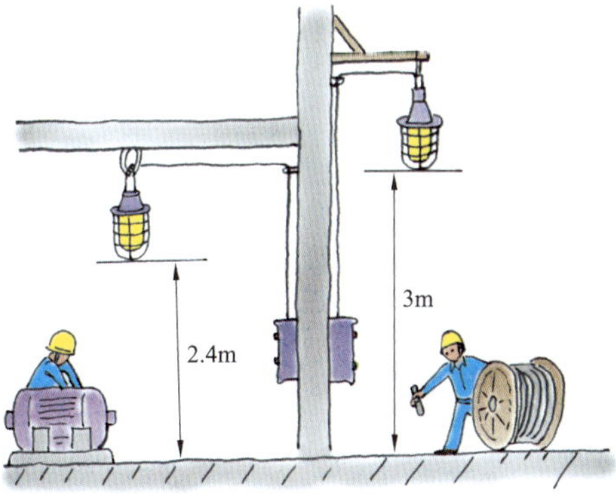

图5-26

（4）在金属脚手架上安装照明灯具时，灯具与架子之间应垫好绝缘物，并固定牢固。见图5-27。

图 5-27

（5）在燃烧室内作业时，应安装 110、220V 临时性的固定照明。

（6）临时照明使用后必须及时拆除收回。

2. 行灯的安全要求

（1）行灯的使用电压不得超过 36V。

（2）行灯变压器应采用双绕组型，一、二次侧均应装熔断器，金属外壳可靠接地。严禁使用自耦变压器。见图 5-28。

（a）　　（b）

图 5-28

（3）携带式行灯变压器的高压侧应带三相插头，低压侧带插座，并采用两种不能互相插入的插头。

（4）灯泡外部应有金属保护网，金属网、反光罩、悬吊挂钩应固定在灯具的绝缘部位上。见图 5-29。

图 5-29

（5）使用前，必须对行灯变压器、灯具（罩）、灯泡（36V 及以下）外观进行检查，确认安全可靠。

（6）严禁将行灯变压器放置在金属容器或特别潮湿的场所内使用。见图 5-30。

图 5-30

（7）作业人员随身携带的移动照明必须为 36V 以下。

（8）在周围均是金属导体的场所、容器内作业时，不得超过 24V。

（9）在潮湿的金属容器内、有爆炸危险的场所作业时，不得超过 12V。

（10）在凝汽器内作业时，应使用 12V 行灯。

（11）在脱硫烟道内作业时，应使用 12V 防爆照明灯具。

（12）在煤粉仓内作业时，应使用 12V 行灯，不得将行灯埋入积粉内。

（13）在地下维护室和沟道内作业时，应使用 12～36V 的行灯。

（14）在有有害气体的地下维护室和沟道内作业时，应使用携带式的防爆电灯或矿工用的蓄电池灯。

四、电焊机

电焊机主要由降压变压器、调压器、电焊钳、专用接线插头及电源线等部件组成。

1. 安全要求

（1）电焊机应放置在通风、干燥处，露天放置应加装防雨罩。

（2）电焊钳的握柄必须用绝缘耐热材料制成，应牢固地夹住焊条。

（3）电焊机的电源线长度不得超过 5m，且与电焊机连接处应有防护罩。

（4）电焊机与焊钳间的导线长度不得超过 30m，不得有接头，且用专用的接线插头。

（5）电缆的线径应满足负荷要求，不得采用铝芯导线，绝缘外皮不得有破损。

（6）电焊机、焊钳与电缆线连接牢固，接线端头不得外露。

（7）电焊机金属外壳必须有明显的可靠接地，且一机一接地。

2. 使用要求

（1）严禁一闸接多台焊机使用。见图 5-31。

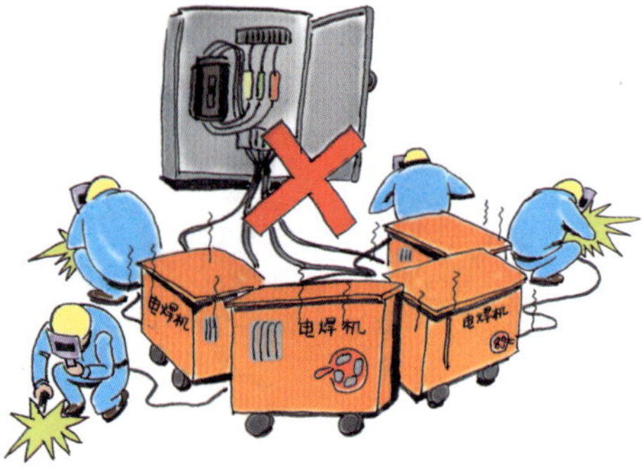

图 5-31

（2）调节电焊机电流时，必须停焊进行。严禁在焊接中调节电流。

（3）严禁电焊机超载施焊。

（4）严禁采用大电流施焊。

（5）严禁用电焊机对金属切割作业。

（6）严禁把焊钳放在焊件上。见图 5-32。

图 5-32

（7）严禁在带电的设备上进行焊接作业。

（8）严禁将电缆（线）搭在身上或踏在脚下。

（9）严禁连接建筑物金属构架和设备等作为焊接电源回路。

（10）更换焊条时，必须戴电焊手套，以防触电。

（11）雨雪天，不宜在露天进行焊接或切割作业。

（12）在金属容器内焊接作业时，焊工应穿橡胶绝缘鞋，垫好橡胶绝缘垫。

（13）在潮湿地方焊接作业时，焊工应穿橡胶绝缘鞋，站在干燥的木板上。

（14）维修或检查电焊机时，必须切断电源。

（15）移动电焊机时，必须切断电源。严禁用拖拉电缆的方法移动焊机。

（16）焊接结束后立即切断电源，收回焊钳及电缆等。

五、临时电缆敷设

现场作业点距电源点较远时，经常需要敷设临时电缆来满足使用要求。敷设电缆的安全要求如下：

（1）临时电缆一般使用橡皮护套绝缘软线。

（2）敷设临时低压电源线路，应使用绝缘导线。架空高度室内应大于2.5m，室外应大于4m，跨越道路应大于6m。见图5-33。

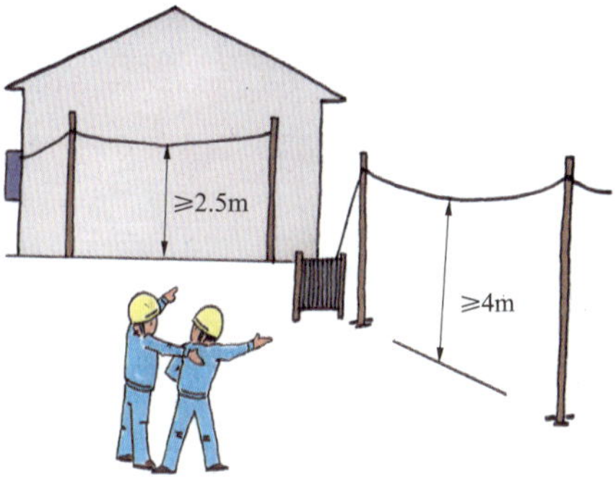

图5-33

（3）脚手架上敷设临时电缆（线）时，木竹脚手架应加绝缘子，金属管脚手架应另设木横担。见图5-34。

图5-34

（4）在潮湿、氢站、氨站、油区、粉尘等特殊场所敷设临时电源时，应采用特殊电缆（阻燃、防水等）敷设，必要时可对电缆采取保护措施。

（5）在高温体附近敷设电缆时，应保持与高温体间的安全距离。见图 5-35。

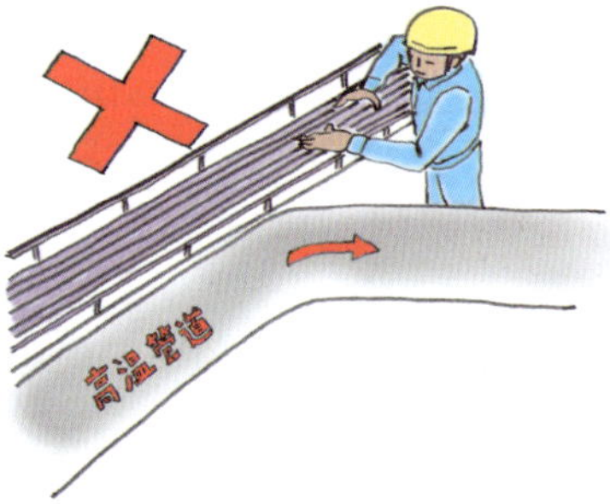

图 5-35

（6）临时敷设电缆的沿线应间隔适当距离设置明显的安全警示标识。见图 5-36。

图 5-36

（7）临时电缆（线）不得沿地面明设或随地拖拉。见图 5-37。

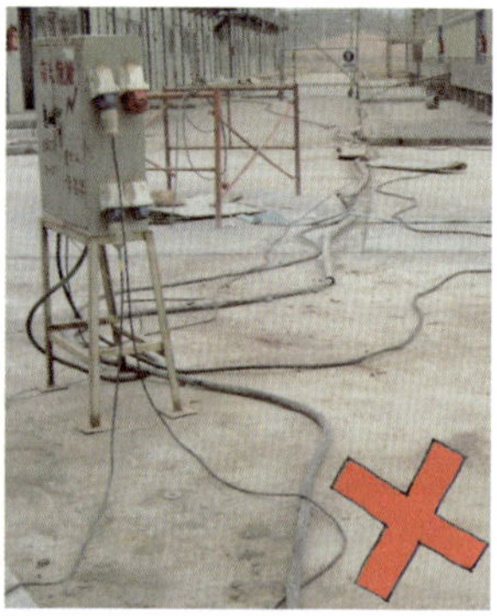

图 5-37

（8）严禁在氢管（罐）、油管（罐）、热体管道（容器）等上架设临时电缆。见图 5-38。

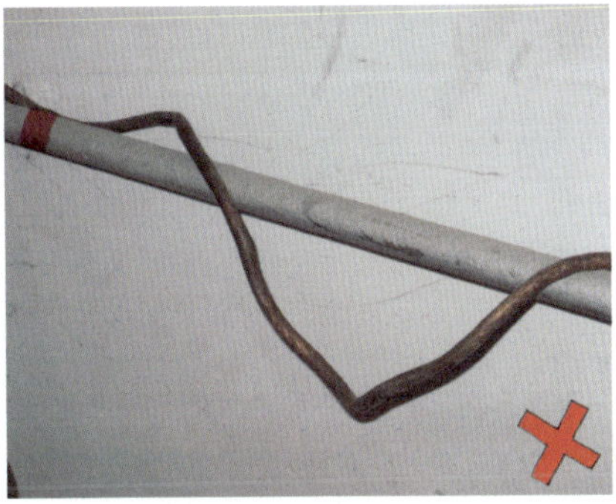

图 5-38

（9）严禁将临时电缆（线）缠绕在护栏、管道及脚手架上。

（10）严禁在未冲洗、隔绝和通风的容器内引入临时电缆。

（11）电缆不得浸泡在水里，不得在尖锐物体中穿行。见图 5-39。

（a）（b）

图 5-39

（12）拆除脚手架时，应先由电气人员拆除电气设备及临时电缆（线），然后再拆架子。

第六节 触碰带电体防控

触碰带电体是指人直接接触或间接接触带电的设备。发电企业作业现场容易误触碰带电体的情形有人体与带电体的安全距离不够、机械与高压输变电设备的安全距离不够、触碰带电设备的外壳、高压试验安全措施不到位、误入带电间隔等。

一、安全作业现场

1. 人体与带电体的安全距离

（1）在高压设备作业时，人体及所携带的工具与带电体的最小安全距离。见表 5-2。

表 5-2　　人体与带电体的最小安全距离

电压等级（kV）	最小安全距离（m）
10 以下	0.35
20、35	0.6
66、110	1.5
220	3.0
330	4.0
500	5.0
750	8.0

（2）在低压设备作业时，人体及所携带的工具与带电体的安全距离不小于 0.1 m。

（3）当高压设备接地故障时，室内不得接近故障点 4m 以内，室外不得接近故障点 8m 以内。见图 5-40。

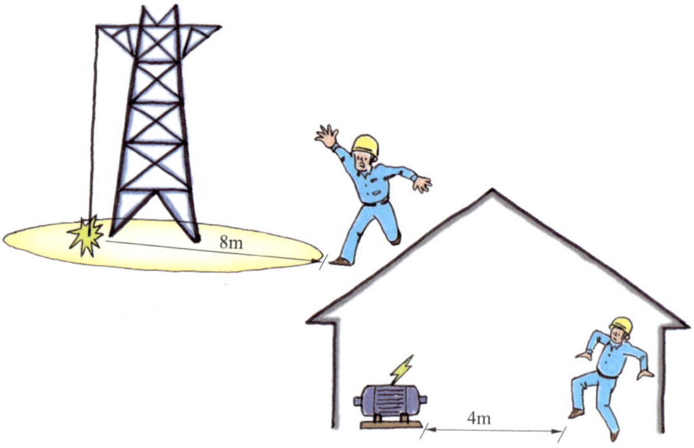

图 5-40

2. 机械与高压输变电设备的安全距离

机械包括高空作业车、汽车吊、吊篮、升降平台等，其与高压输变电设备的安全距离。见表 5-3。

表 5–3　　机械与高压输变电设备的最小安全距离

输电线路电压等级（kV）	机械与高压带电设备的最小安全距离（m）
1 以下	1.5
1 ～ 20	2
35 ～ 110	4
154	5
220	6
330	7
500	8
750	11

3. 用电设备外壳异常带电

运行中的电气设备由于线圈绕组绝缘损坏或绝缘电阻下降，外壳带电，人体触碰将会触电。为防止触电，电气设备必须装设保护接地或保护接零。

（1）保护接地。将电气设备的金属外壳用导线与接地体直接连接。保护接地使用在三相三线制中。见图 5-41。

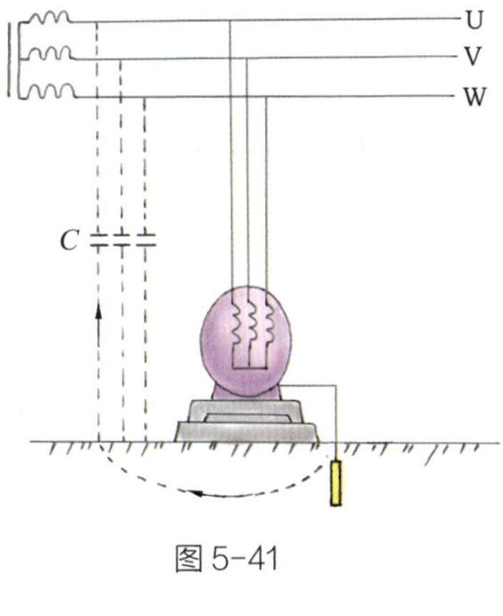

图 5–41

（2）保护接零。将电气设备的金属外壳用导线与系统零线直接连接。保护接零使用在三相四线制中。见图 5-42。

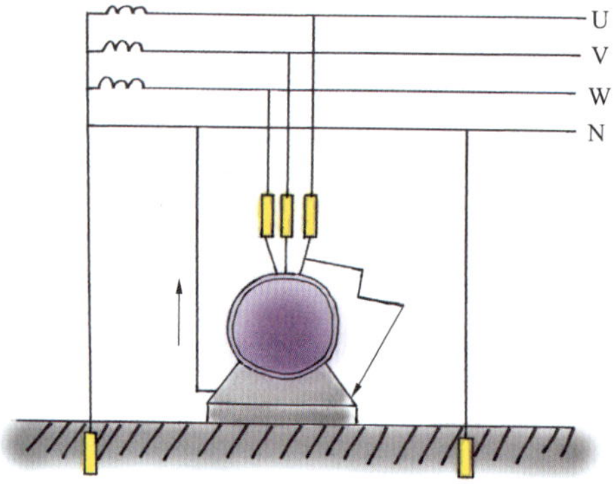

图 5-42

4. 检修电动机安全措施

电动机检修时，必须断开动力电缆，并将电缆头三相短路接地。

5. 检修变压器安全措施

变压器检修时，必须在高低压绕组的两侧悬挂接地线或合上接地开关。见图 5-43。

图 5-43

6. 检修母线安全措施

母线检修时，必须将母线上所接设备全部断开后，悬挂接地线或合上接地开关。

7. 检修电缆安全措施

电缆检修时，必须将电缆两侧断开，且三相短路接地。

8. 高压试验安全措施

高压试验时，必须设临时围栏，并设专人看护。非工作人员禁止入内。见图 5-44。

图 5-44

9. 高压电气设备安全措施

在高压电气设备的周边必须装设防护围栏，门应加锁，并挂好安全警告牌。见图 5-45。

图 5-45

10. 检修或更换电除尘整流变压器出口阻尼电阻

检修或更换电除尘整流变压器出口阻尼电阻时，应将高压隔离开关打至接地位置，并通过临时接地线可靠接地。若阻尼电阻位于电场侧，还应将两侧电场停运。

11. 吊篮

吊篮的任何部位与输电线路的安全距离不应小于 10m。

12. 电动起重机

电动起重机的金属结构以及电气设备外壳应可靠接地。

13. 移动式起重机

移动式起重机的金属结构应通过行车轨道接地，电动行车小车应通过金属结构接地。

二、安全作业行为

（1）电气设备必须装设保护接地（接零），不得将接地线接在金属管道上或其他金属构件上。见图 5-46。

图 5-46

（2）检修电源箱必须装设自动空气开关、漏电保护器。严禁使用无漏电保护器的电源箱。见图 5-47。

图 5-47

（3）配电箱、开关箱内不得存放物品，周边不得堆放杂物。见图 5-48。

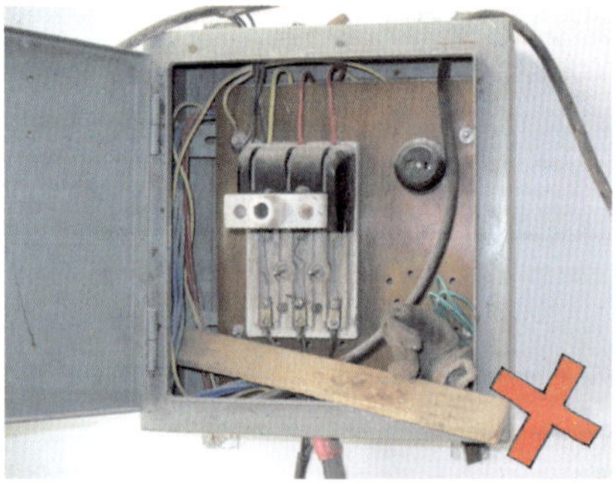

图 5-48

（4）严禁擅自拆除电气设备上悬挂的接地线。见图 5-49。

图 5-49

（5）动力电缆与电气设备解开后，电缆头必须三相短路接地。不得用铁丝、铝丝等金属丝代替，不得悬空不接地。

（6）拆除电缆前，必须确认电缆两侧未接设备且无电。严禁拆除不明电缆。

（7）雨天，严禁户外操作电气设备。见图 5-50。

图 5-50

（8）严禁在不满足电气安全距离的场所内进行作业。

（9）当发觉有跨步电压时，应立即将双脚并在一起或用一条腿跳着离开导线断落地点。

（10）在升压站、高压电气设备附近搭设脚手架时，必须设电气专业人员监护。

（11）在地下敷设电缆附近开挖土方时，严禁使用机械挖土。

（12）严禁用湿手去摸触电源开关以及其他电气设备。

（13）进入电除尘器本体前，必须检查除尘器阴极与接地网的接地线连接是否可靠，且用接地棒将阴极对地放电。

（14）使用加热棒拆装汽缸螺丝时，应先测绝缘。电加热器只有在插入螺栓孔后才应接通电源，严禁将带电的加热杆从一个螺栓孔移至另一个螺栓孔中。

（15）不得用手碰触电解槽，严禁用两只手分别接触到两个不同的电极上。

（16）发现有人触电时，应立即切断电源。若找不到电源时，应用木棒或绝缘棒施救，不得直接用手拉触电人，避免施救人触电。见图 5-51。

图 5-51

第七节　电气误操作防控

电气误操作是指违反电气操作规程、操作票要求的内容和程序进行的操作。电气误操作事故主要是指：误分、误合断路器（开关）；误入带电间隔；带负荷拉、合隔离开关（刀闸）；带电挂（合）接地线（接地开关）；带接地线（接地开关）合断路器（开关）等。其中，后三类因性质恶劣、后果严重，称为恶性误操作事故。

一、安全作业现场

1. 布置安全措施

在布置现场安全措施时，防止发生电气误操作触电，操作时应遵循以下原则：

（1）停电。断路器在“分闸”位置时，方准拉开隔离开关。

（2）验电。先检测验电器完好，并设监护人，方准进行验电操作。见图 5-52。

图 5-52

（3）挂接地线。先挂接地端，后挂导体端。见图 5-53。

图 5-53

2. 恢复安全措施

在恢复现场安全措施时，防止发生电气误操作触电，操作时应遵循以下原则：

（1）拆地线。先拆导体端，后拆接地端。

（2）送电前，在确认所有的接地线已拆除、安全设施已恢复后，方准送电操作；合闸前，送电设备的继电保护已投入，方准合闸送电。

（3）送电。断路器在“分闸”位置时，方准合上隔离开关。

二、安全作业行为

（1）严禁无票作业。

（2）严禁擅自解除断路器“五防”闭锁装置。

（3）当误拉开（合上）隔离开关时，不得将误拉（合）的隔离开关再重新合上（拉开）。

（4）严禁带负荷合（拉）隔离开关。见图 5-54。

图 5-54

（5）严禁带地线合断路器。见图 5-55。

图 5-55

（6）严禁误入带电间隔送电。见图 5-56。

图 5-56

第六章

机械伤害防控

第一节 概 述

利用机械设备、工具加工零部件的操作活动，称为机械作业。机械设备、工具或加工件引起的挤压、碰撞、冲击、剪切、卷入、绞绕、切割、刺扎等伤害，称为机械伤害，不包括车辆、起重机械引起的伤害。发电企业可能造成机械伤害的情形有机械加工、使用电动工具、转动设备、行走设备等，存在的主要安全风险：

（1）未经专业技能培训的人员上岗操作，误操作设备伤人。

（2）操作人员未正确佩戴或使用个体防护用品，衣服或头发被绞入机械伤人。

（3）检修（维修）设备时，布置安全措施不到位，误送电伤人。

（4）工件未夹紧时开动机械设备，工件被甩出伤人。见图 6-1。

图 6-1

（5）未正确使用电动工具或使用不合格的电动工具，造成伤人。见图 6-2。

图 6-2

（6）转动设备未装设防护罩，检查或加油时防护不当伤人。见图 6-3。

图 6-3

（7）转动设备被介质冲刷、腐蚀、磨损等，造成转子动平衡失稳，零部件飞出伤人。

（8）设备试转时，转动零部件安装固定不牢，人员站位不当，转动零部件飞出伤人。

（9）人孔、投料口、绞笼井等处带电清理卡料或杂物，机械设备转动绞伤人。

第二节 个人能力与防护

一、个人能力要求

操作人员必须经专业技能培训，并掌握机械（设备）的现场操作规程和安全防护知识。

二、个体防护要求

（1）操作人员必须穿好工作服，衣服和袖口应扣好。不得戴围巾、领带等。见图 6-4。

图 6-4

（2）长发必须盘在帽内，不得披散在外。见图 6-5。

图 6-5

（3）操作时必须戴防护眼镜，必要时戴防尘口罩、穿安全鞋。见图 6-6。

图 6-6

（4）操作钻床时不得戴手套。

（5）不得在开动的机械设备旁换衣服。见图 6-7。

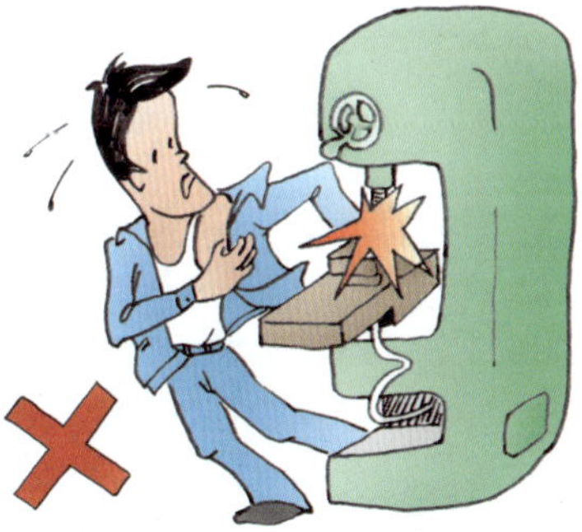

图 6-7

三、着装要求

机械加工的操作人员必须穿好工作服，衣服和袖口应扣好，并戴好工作帽。见图 6-8。

（a）　　　　　　　（b）

图 6-8

第三节　机械加工伤害防控

机械加工是指用加工机械对工件的外形尺寸或性能进行改变的过程。在加工作业中，由于个人防护措施不当或未执行现场操作规程，有可能会造成绞伤、压伤、挤伤等事件。发电企业常使用的加工机械有钻床、车床、铣床、磨床、冲床、切板机等。

一、安全作业现场

（1）机械设备各传动部位必须装设防护装置（如传动带、齿轮机、联轴器、飞轮等）。见图 6-9。

图 6-9

（2）在机械设备上有可能造成砂轮崩碎、切屑甩出等伤人处，应装设透明挡板。

（3）机械设备必须装设紧急制动装置，一机一闸。见图 6-10。

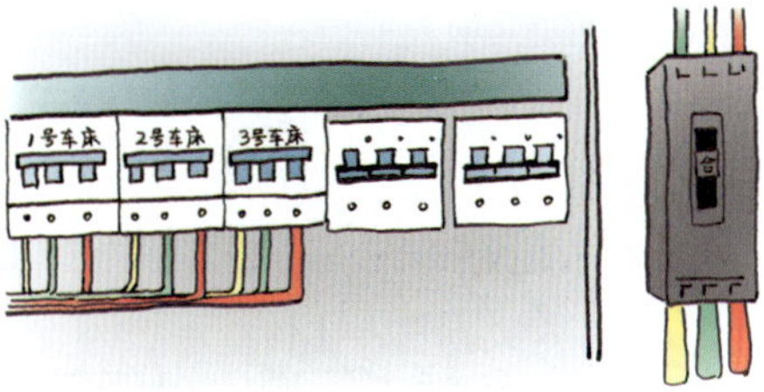

图 6-10

（4）刀具装夹必须牢靠，刀头伸出部分不得超出刀体高度 1.5 倍。见图 6-11。

图 6-11

（5）机械设备周边必须画警戒线，工作现场应设人行通道。见图 6-12。

图 6-12

（6）机械加工现场照明必须充足。

二、安全作业行为

（1）操作人员应穿好工作服，扣紧袖口，长发必须盘在帽子内。

（2）钻孔、切削作业应戴好防护眼镜，不得戴手套。

（3）操作人员应站在机床旁，不得站在切屑甩出方向，不得踩、靠在机床上。见图 6-13。

图 6-13

（4）加工机械需要两人配合作业时，必须有一人指挥。

（5）操作中应精力集中，严禁与无关人员聊天。见图 6-14。

图 6-14

（6）机床设备上的安全防护装置、联锁装置不得随意拆除（如防护罩、防护网）。

（7）装拆刀具、夹具时，必须切断机床电源。

（8）不得装夹有油污、毛刺的工件。见图 6-15。

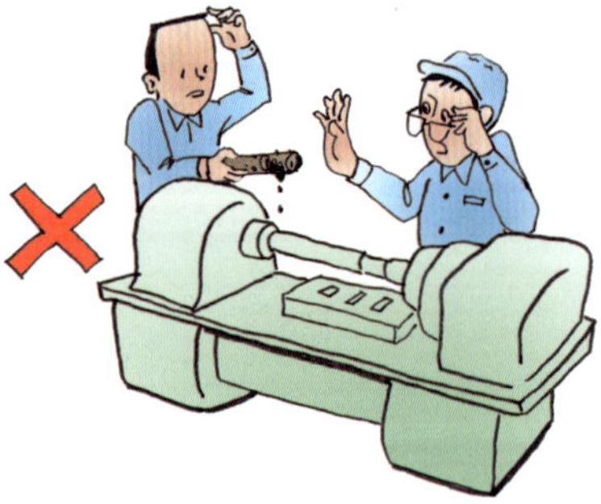

图 6-15

（9）操作人员的头部不得靠近旋转的卡盘或工件。见图 6-16。

图 6-16

（10）加工工件时，不得用手拿工件直接加工，不得将手指垫在板料下送料。见图 6-17。

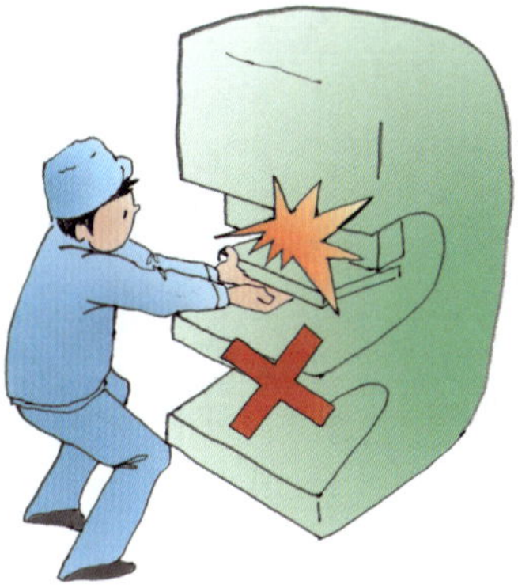

图 6-17

（11）加工工件时，需要调整或测量工件必须停车进行。

（12）机床运转中，不得隔着运动部件拿取工件或传递物品，不得清除切屑。见图 6-18。

图 6-18

（13）金属切屑应用钩子等工具及时清理，严禁用手、嘴吹或压缩空气清理。见图 6-19。

图 6-19

（14）不得将刀具、量具等物品摆放在机床旋转体或工作面上。见图 6-20。

（a）（b）

图 6-20

（15）机床运行时，操作人员不得离开。

（16）加工不规则工件时，应试转平衡后再加工。不得加工超长、超厚（薄）、超窄等工件。见图 6-21。

图 6-21

（17）取卡住模具或机械设备检查时，必须切断电源，挂上“禁止合闸”牌。

（18）剪床不得剪切淬过火的钢材、铸铁及脆性材料，不得剪切石料等非金属工件，不得剪切有爆炸性的工件。见图 6-22。

图 6-22

（19）使用钻床时，必须把工件固定牢固。

（20）使用锯床时，工件必须夹牢，长的工件两头应垫牢，以防工件锯断时伤人。

（21）使用钻床、车床等转动机械时，严禁戴手套。

（22）机器皮带运行中，严禁装卸、校正或直接用手撒松香、涂油膏等防滑物料。

（23）用长嘴油壶或油枪往油盅和轴承里加油时，必须与转动部分保持一定距离。

（24）机床运行中，发现有异常必须立即停车，不得“带病”运行。

（25）工作结束，必须断开电源，清理工作台上的工件、切屑和刀具。

第四节　电动工具伤害防控

电动工具是以电动机或电磁铁为动力，通过传动机构驱动工作头的一种机械工具。在使用电动工具时，由于个人防护不当、操作不当或使用不合格的工具，有可能会造成刺伤、划伤、割伤等事件。发电企业常使用的电动工具有电钻、角向磨光机、砂轮切割机、台式砂轮机等。购置及检验电动工具的要求详见第五章第四节。

一、电钻

电钻是电动钻孔的工具，包括手电钻、冲击钻、锤钻（电锤）。

1. 安全要求

（1）电钻外壳应完好无损。

（2）电钻电源线、电源插头应完好无损，接地保护可靠。

（3）钻夹头应固定牢固，自动定心卡爪应完整、灵活，夹持钻头应垂直紧固。

（4）钻头磨损直径不得大于2%，不得有缺损、裂纹、氧化、变形等缺陷。

（5）电钻试转正常，钻头不松动、不摆动。

（6）钻 ϕ12mm 以上的钻孔时，应选用带侧柄的手持电钻。

2. 使用要求

（1）操作人员必须戴好防护眼镜，面部朝上钻孔时应戴上防护面罩。

（2）钻孔前应紧固好钻头且试转正常后，再对准工件垂直钻孔；钻孔时不得用力过猛，以免钻头压断反弹伤人。严禁斜向钻孔。见图6-23。

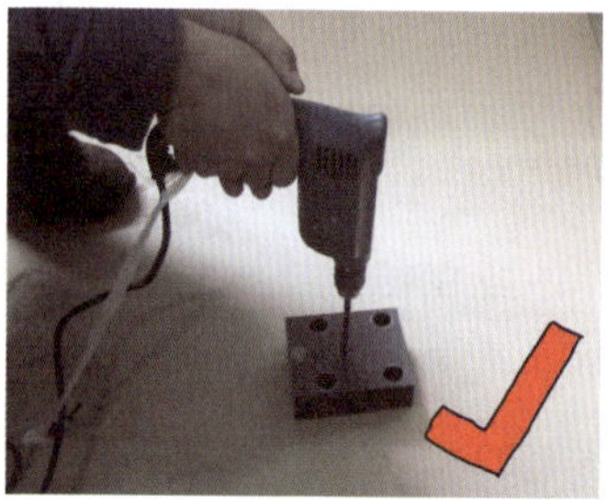

（a）

（b）

图6-23

（3）在金属材料上钻孔时，应先在钻孔位置处冲打上洋冲眼，然后再钻孔。

（4）钻大孔时应先用小钻头钻穿，然后用大钻头钻孔。严禁用小钻头扩孔。

（5）如需长时间在金属上钻孔时，可采取一定的冷却措施，以保持钻头锋利。

（6）钻屑应用专用工具清理。严禁直接用手清理。

（7）电钻旋转时，不得随意放置。见图6-24。

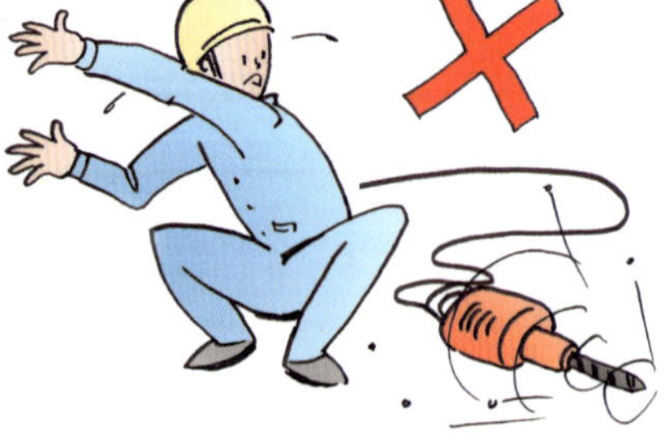

图6-24

二、角向磨光机

角向磨光机主要用于对金属构件进行磨削、切削、除锈、磨光加工的工具。

1. 安全要求

（1）砂轮应选用增强纤维树脂型，其线速度不得小于 80m/s。

（2）角向磨光机的防护罩应完好无损、安装牢固。严禁使用无防护罩的磨光机。见图 6-25。

（a）　（b）

图 6-25

2. 使用要求

（1）打磨用的砂轮片只能用于打磨，不得用于切割材料，且只能使用研磨面，不得使用背面；切割用的砂轮片只能用于切割，不得用于研磨。见图 6-26。

图 6-26

（2）磨削时，砂轮与工件应保持 15°～30° 倾斜位置。见图 6-27。

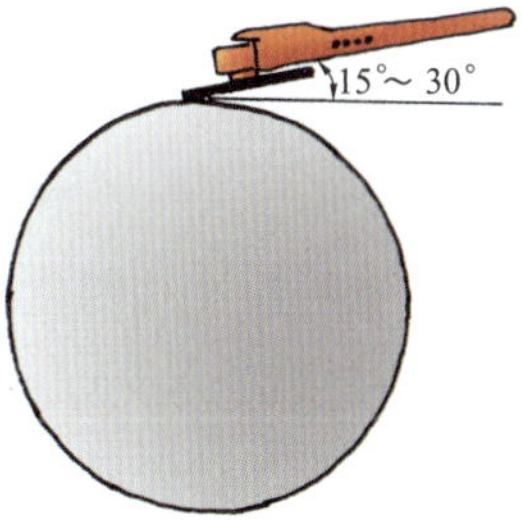

图 6-27

（3）切削时，砂轮不得倾斜，不得横向摆动。

（4）严禁切、磨紫铜、铅、木头等，以防砂轮片嵌塞。见图 6-28。

图 6-28

（5）严禁手提角向磨光机的电源导线。见图 6-29。

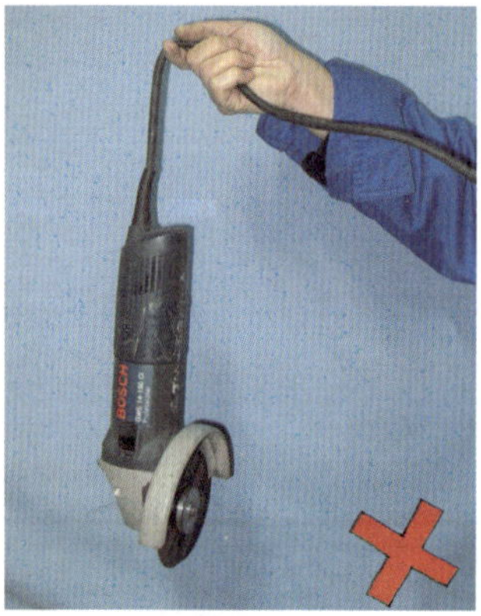

图 6-29

三、砂轮片

砂轮是陶瓷颗粒黏结形成的，有氧化铝、碳化硅等。砂轮根据使用材料分为树脂砂轮、陶瓷砂轮、金刚石砂轮等。

1. 安全要求

（1）安装前应用木棰检查砂轮有无裂纹和损伤。

（2）树脂和橡胶结合剂砂轮片存储一年后必须做回转试验，合格后方可使用。

（3）砂轮片的额定转速应与砂轮机转速相匹配，且在有效期内使用。

（4）砂轮片磨损到原半径的 1/3 时必须更换。

（5）砂轮应使用卡盘紧固，两卡盘与砂轮端面间应放上厚 0.5～1.0mm 纸板。

（6）安装砂轮时，法兰盘应干净、平整，并用专业扳手拧紧螺母。严禁将砂轮压入法兰盘。

（7）安装砂轮后，应空转 1～2min 正常后，方可使用。

2. 使用要求

（1）使用前必须外观检查，确认无裂纹等缺陷。

（2）严禁超过砂轮规定的线速度状况下磨削。

（3）砂轮停止转动前，应将冷却液关闭，砂轮继续旋转 5min，使磨削液甩尽。

（4）砂轮片应远离油脂、水或其他溶剂。

（5）严禁用水淋湿砂轮片。

四、砂轮切割机

砂轮切割机主要用于切割工件或材料的工具。

1. 安全要求

（1）砂轮切割机的砂轮盘必须装设防护罩，覆盖度不得小于 180°。砂轮与夹板间应嵌有厚度均匀的弹性纸垫圈。见图 6-30。

图 6-30

（2）砂轮切割机的传输皮带必须装设防护罩；手柄上的开关灵敏、可靠。见图 6-31。

图 6-31

（3）砂轮片有破损或裂纹时应立即更换，严禁使用摔过或重击过的砂轮片（即使砂轮片表面无破损）。见图 6-32。

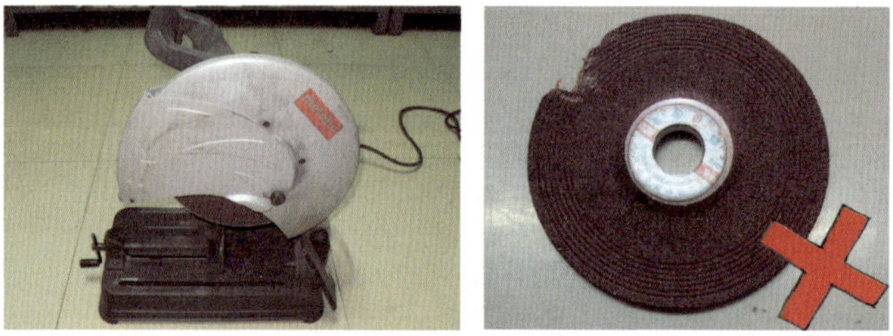

（a）　　（b）

图 6-32

2. 使用要求

（1）操作人员必须佩戴防护眼镜，站在锯片的侧面。火花飞溅的方向不得有人停留或通过。见图 6-33。

图 6-33

（2）使用前必须试转，确认切割机工作正常。

（3）切割物件时，锯片应缓慢地靠近被锯物件，不得用力过猛。严禁切割较大的物件及铅、锡、铝、木材等物件。见图 6-34。

图 6-34

（4）砂轮磨至与夹板边缘相遇时，必须立即更换。

五、台式砂轮机

台式砂轮机主要用于研磨或加工工件。

1. 安全要求

（1）台式砂轮机必须装设托架、防护罩、挡屑板。见图 6-35。

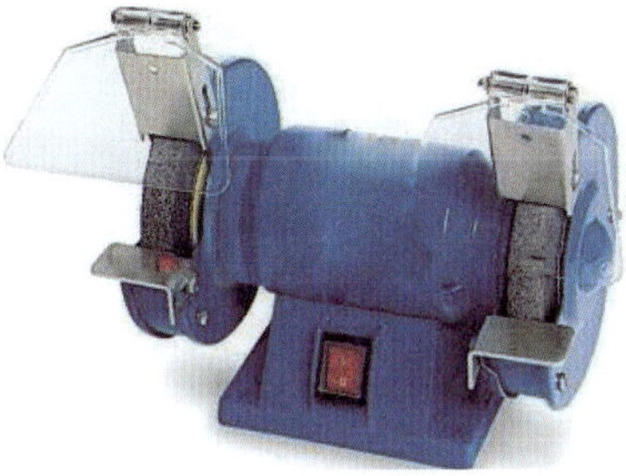

图 6-35

（2）托架高度不超过砂轮轴水平中心线，且与砂轮圆周的最大间隙不得大于 3 mm。

（3）防护罩必须用钢板制成，开口角度不超过 90°，轮轴水平中心线以上不应大于 65°。

（4）防护罩在轮轴水平中心线以上开口角度大于 30° 时，应装设挡屑板。

（5）挡屑板安装于防护罩开口正端，宽度大于防护罩宽度，与砂轮圆周的间隙应小于 6mm。

（6）砂轮应用法兰盘固定，法兰盘的直径应大于砂轮直径的 1/3。

2. 使用要求

（1）操作人员应站在砂轮机侧面，严禁站在砂轮机的正面操作。

（2）使用前必须对砂轮机的底座、砂轮片、防护罩外观检查，并试转正常。

（3）磨削工件时，应火星向下。严禁用工件撞击、猛压或用砂轮侧面磨削。见图 6-36。

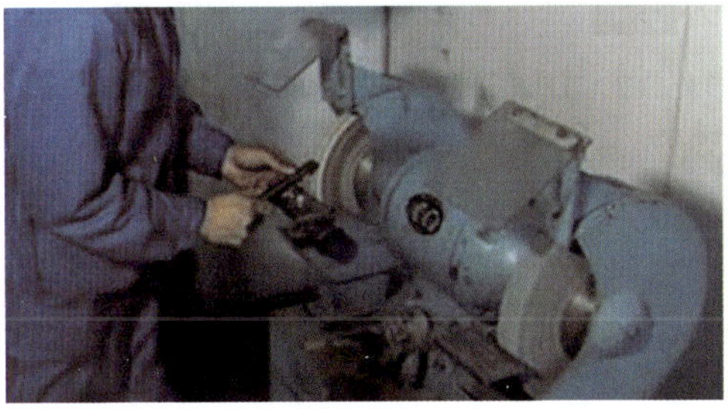

图 6-36

（4）严禁使用无防护罩的砂轮。见图 6-37。

图 6-37

（5）严禁用砂轮研磨软金属、非金属以及较大的工件。 见图 6-38。

图 6-38

（6）严禁两人同使用一个砂轮研磨工件。见图 6-39。

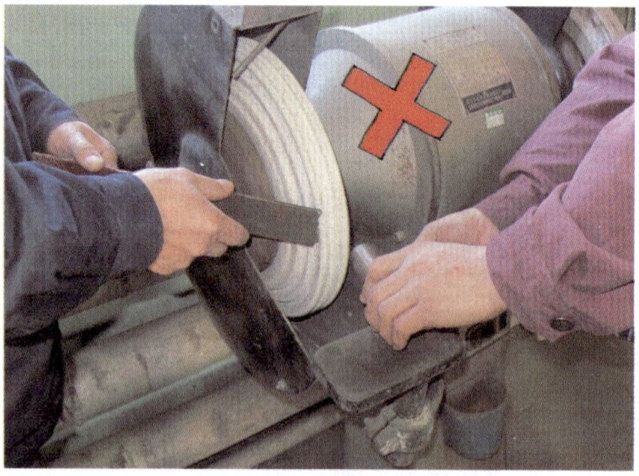

图 6-39

（7）砂轮机在断电过程中，严禁进行打磨作业。

第五节 转动设备伤害防控

转动设备是指作旋转运动的机械设备，其特点是零部件（如齿轮、轴、联轴器、皮带轮、链条轮等）作旋转运动。在转动设备附近检查、加油等作业时，由于个人防护不当、设备防护装置不齐全或不牢固，有可能会造成绞伤等事件。发电企业常见的转动设备有各类电动机与减速机、各类风机及水泵、旋转式空气预热器、磨煤机、给料（煤）机、输粉机、输煤皮带机等。

一、安全作业现场

（1）转动设备的安全装置应齐全、可靠。

（2）转动设备上的所有螺丝固定应紧固，以防长期运行脱落飞出。见图 6-40。

图 6-40

（3）设备的转动部分必须装设防护罩，并标明旋转方向，露出的轴端必须装设护盖。见图 6-41。

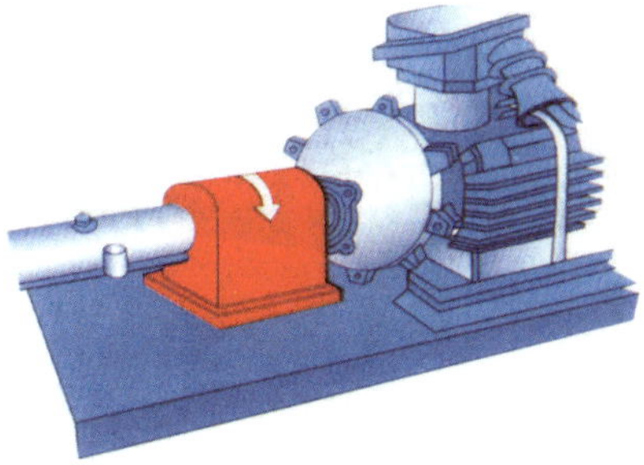

图 6-41

（4）电动机与机械设备的皮带、齿轮、链条等传动部位均应加装防护罩，并标注旋转方向。见图 6-42。

图 6-42

（5）对大型转动设备除装设防护罩外，还必须装设防护栏杆。见图 6-43。

图 6-43

（6）输煤皮带的转动部分及拉紧重锤必须装设遮栏，加油装置应接在遮栏外面。见图 6-44。

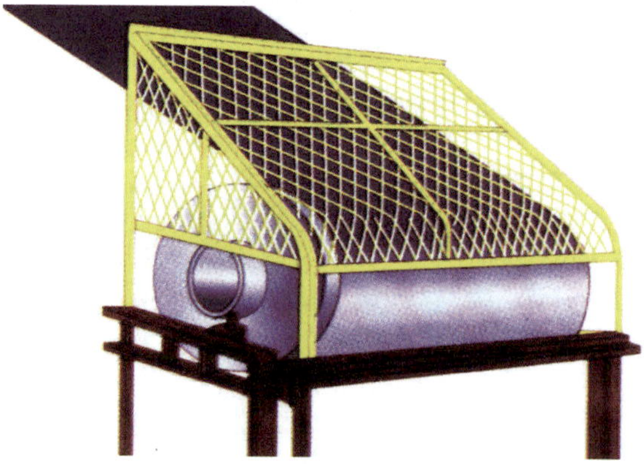

图 6-44

（7）各类给料机人孔门、检查孔门必须齐全、完整并盖好。

（8）输粉机、刮板给煤机上的盖板必须齐全盖好，不得敞口运行。见图 6-45。

图 6-45

（9）机械传动的各检查孔、送料口等部位必须装设盖板。见图 6-46。

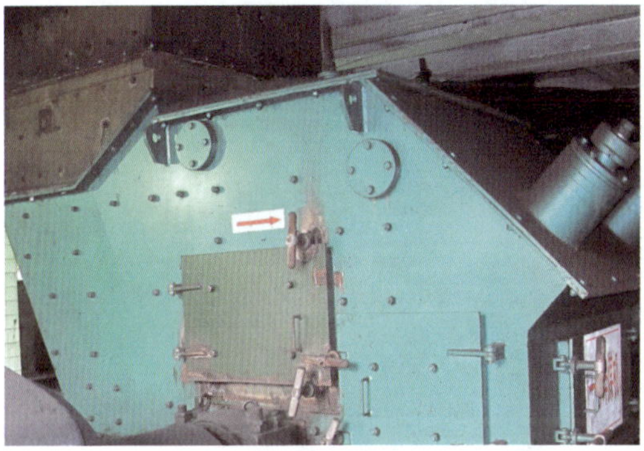

图 6-46

（10）输煤皮带两侧的人行通道必须装设固定防护栏杆，并装设事故拉线开关。见图 6-47。

图 6-47

（11）在机械转动部分附近使用梯子时，应在梯子与转动部分间临时设置薄板或金属网防护。

二、安全作业行为

（1）作业人员必须穿好工作服，扣紧袖口，长发必须盘在帽内。

（2）设备转动时，不得从靠背轮和齿轮上取下防护罩或其他防护设备。见图 6-48。

图 6-48

（3）严禁擅自拆除设备上的安全防护设施。见图 6-49。

图 6-49

（4）严禁在靠背轮上、安全罩上或运行中设备的轴承上行走和坐立。见图 6-50。

图 6-50

（5）设备运转时，不得在转动部分进行测量、调整、擦拭、清扫等工作。见图 6-51。

图 6-51

（6）严禁将头、手脚伸入转动部件活动区域内。

（7）擦拭运转中机器的固定部分时，严禁戴手套或将抹布缠在手上使用。见图 6-52。

图 6-52

（8）严禁在运行中清扫、擦拭和润滑设备的旋转和移动部分，严禁将手伸入栅栏内。见图 6-53。

图 6-53

（9）设备检修必须断开电源，悬挂警示牌，并做好防止设备误转动措施。见图 6-54。

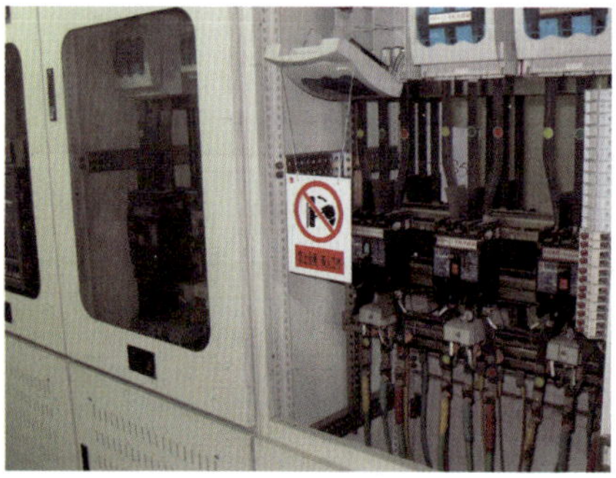

图 6-54

（10）正在转动中的机器，严禁装卸和校正皮带。

（11）给料（煤）机在运行中发生卡、堵时，严禁用手直接清理堵塞物。见图 6-55。

图 6-55

（12）钢球磨煤机运行中，严禁在传动装置和滚筒下部清除煤粉、钢球、杂物等。见图 6-56。

图 6-56

（13）旋转式空气预热器的内部有人作业时，在人孔门处必须设专人监护，并确保联系畅通。见图 6-57。

图 6-57

（14）风机未解体且需进入机壳内作业时，必须做好防止风机叶轮自转的措施。严禁用电动机冷却风扇叶轮来制动风机的转子。

（15）严禁在螺旋输粉机、刮板给煤机盖板上作业、行走或站立。见图 6-58。

图 6-58

（16）在皮带上或其他设备上，严禁站人、越过、爬过及传递各种用具。见图 6-59。

图 6-59

（17）皮带运行中，严禁人工取煤样或人工捡石块等作业。见图 6-60。

图 6-60

（18）皮带运行中，严禁人工清理皮带、滚筒上的粘煤等作业。见图 6-61。

图 6-61

（19）皮带运行中，任何人遇紧急情况均可拉“皮带拉线开关”停止皮带运行。

（20）煤斗捅煤时，操作人必须站在煤斗上面的平台上，并系好安全带。严禁将肢体进入煤斗内捅煤。见图 6-62。

图 6-62

（21）当翻车机回转至 90° 需清车底时，或清理煤箅子上的煤块、杂物时，必须经值班人员许可，并切断电源。见图 6-63。

图 6-63

（22）设备试运必须将工作票交回工作许可人。严禁检修人员操作设备试运。见图 6-64。

图 6-64

（23）电动机和热机转动设备连接时，严禁电动机试转。

（24）设备试转时，人员应站在转动设备的轴向位置，以防零部件飞出伤人。见图 6-65。

图 6-65

（25）转动机械检修完毕后，应及时恢复防护装置，否则不准起动。

（26）吸风机、送风机、回转式空气预热器等试运前，必须确认燃烧室、烟道、空气预热器等处无人。

（27）电动锁气器（卸灰机）运行中，严禁将手伸进锁气器内检查叶轮转动情况或清除杂物。

（28）石灰石制浆系统的斗提机运行时，严禁打开手孔进行检查。

（29）石灰石卸料机在运行时，严禁打开手孔，伸手检查卸料机内部叶轮。

第六节　行走设备伤害防控

行走设备是指作水平行走或上下垂直运动的机械设备。在行走设备上作业时，由于个人防护不当、设备防护装置不齐全或未执行现场操作规程，有可能会造成压伤、挤伤等事件。发电企业常见的行走设备有螺旋卸车机、卸船机、斗轮机、铁牛等。

一、安全作业现场

（1）行走轨道必须平直紧固、无任何障碍物，其端部必须装设缓冲器或止挡器。见图 6-66。

图 6-66

（2）机械设备最高点与屋架最低点间的距离不小于 100mm；机械设备和驾驶室的突出面与建筑物距离不小于 100mm。见图 6-67。

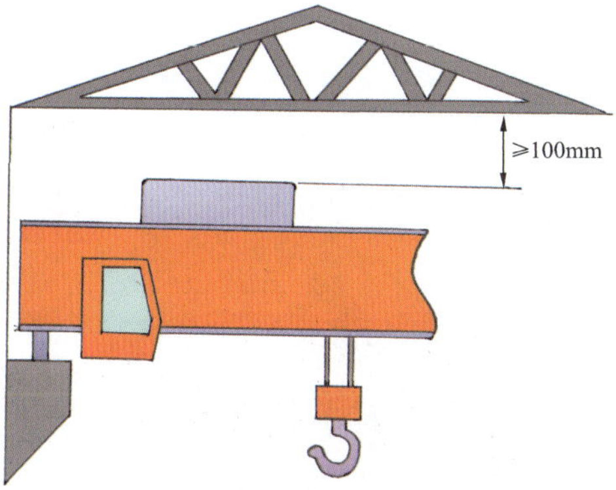

图 6-67

（3）机械设备平台上必须装设固定的防护栏杆。见图 6-68。

图 6-68

（4）机械设备驾驶室的门窗应完好，窗户装设防护栏杆，门装设闭锁。见图 6-69。

（a）　（b）

图 6-69

（5）机械设备应装设可靠的安全保护装置（如限位器、过载保护等），刹车装置应可靠。

（6）斗轮机必须装设锚定装置、缓冲器、夹轮器、限位器、过载保护等安全保护装置，刹车装置应可靠。斗轮机停止作业或检修时，应将轮斗放置有可靠支点的位置固定或着地，并夹轨。见图 6-70。

图 6-70

（7）卸煤沟、储煤场应装有音响信号。

（8）卸船机必须装设锚定装置、防风系固、缓冲器、夹轮器、限位器、过载保护等安全保护装置，刹车装置应可靠。见图 6-71。

图 6-71

二、安全作业行为

（1）操作人员应经专业技能培训合格后，方可上岗作业。

（2）操作人员进入驾驶室内必须将门关好，行车中肢体不得探出驾驶室，不得行车中出入驾驶室。见图 6-72。

图 6-72

（3）作业前必须空载试车正常，并确认安全保护装置灵敏、可靠。

（4）机车在摘钩并离开前，卸煤工人不得靠近车辆。

（5）机械设备行走前，必须先响铃后动车，不得车动铃响。

（6）机械设备运行中，不得在移动设备上从事清扫、擦拭等作业。见图 6-73。

图 6-73

（7）开闭卸煤火车门前，应通知煤车上及附近有关人员，车门打开或关闭后应挂牢。

（8）严禁在一个煤车内同时进行机械卸煤和人工卸煤。见图 6-74。

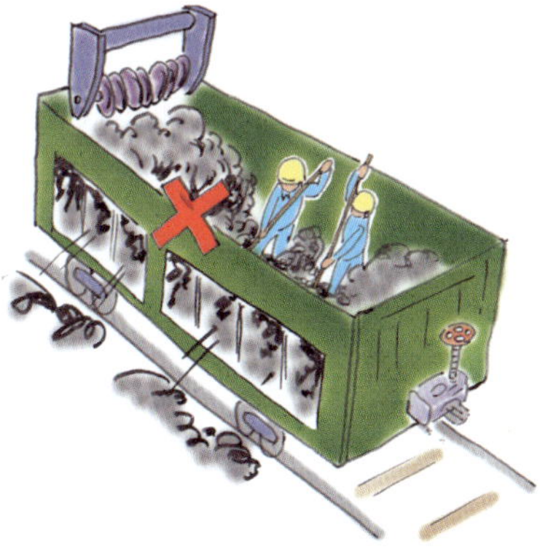

图 6-74

（9）人工清扫车底作业，必须待卸煤机械离开车辆后方可进行。见图 6-75。

图 6-75

（10）调车人员不得乘煤车进入翻车机室或卸煤沟内。

（11）煤车摘钩、挂钩或起动前，必须由调车人员确认车底下或各节车辆间无人后，方可进行。

（12）推土机配合斗轮机作业时，应保持 3m 以上的安全距离。

（13）司机离开机车时，应将机车可靠制动，将车门上锁。

（14）严禁用螺旋卸煤机从事运送人员、吊起重物、推拉车皮等作业。

（15）卸船机作业中，无关人员不得登机。严禁用卸船机吊人。

（16）煤船漂离码头 2m 以上，严禁卸煤作业。

（17）遇暴雨、大风、大雾天气时，应停止卸船机作业，并将卸船机开至指定的停机位置，将锚定板插入码头的锚定坑内。

第七章 灼烫伤防控

第一节 概　述

灼烫伤是指人体接触高温、电或化学物质等造成身体组织的损伤。其严重程度分级见表 7-1。

表 7-1　　灼烫伤严重程度分级表

级别	损伤部位	症状	治疗
Ⅰ度	表皮浅层	患处皮肤发红，疼痛不剧烈	可自然愈合，无疤痕
浅Ⅱ度	表皮和真皮上 1/3	患处红肿起水泡，可有剧烈疼痛和灼热感	可自然愈合，无疤痕或轻微疤痕
深Ⅱ度	表皮和真皮深部	患处发红，起白色大水泡，因为神经末梢部分受损，疼痛较浅Ⅱ度要轻	可自然愈合，会留下疤痕
Ⅲ度	全部皮肤损伤	患处呈皮革状黑色焦痂或苍白，可有流液现象	大部分神经末梢损坏，此类灼伤者经常无患处疼痛感
Ⅳ度	皮下组织、肌肉甚至骨骼损伤	—	可导致截肢
Ⅴ度	大部分皮下组织被烧焦，暴露出肌肉组织	—	有时候致命
Ⅵ度	几乎所有肌肉纤维消失，骨骼被烧焦	—	通常是致命的

发电企业常见的灼烫伤类别有热焦（渣）烫伤、热水烫伤、蒸汽烫伤、化学灼伤、电灼伤等。存在的主要安全风险：

（1）在捞渣机除渣过程中，热焦（渣）外溅烫伤。见图 7-1。

图 7-1

（2）锅炉除焦、看火过程中，运行调整不当，热风（粉）喷出烫伤。见图 7-2。

（a）　　（b）

图 7-2

（3）大量高温煤灰、灰渣掉落水中，产生蒸汽和烟尘，人员大量吸入窒息。见图 7-3。

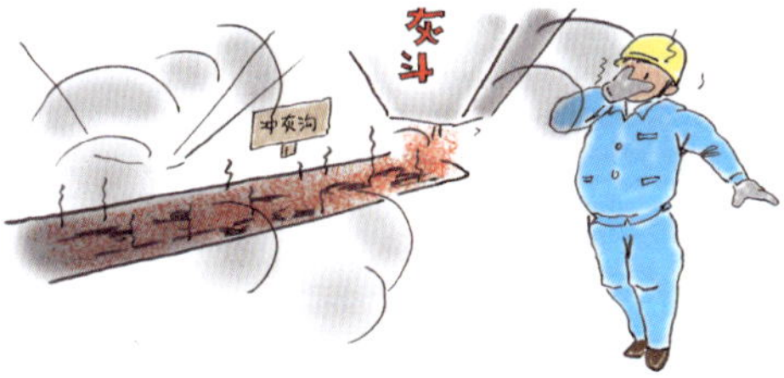

图 7-3

（4）在保温缺损的高温体附近作业时，误触高温体烫伤。见图 7-4。

图 7-4

（5）在高温高压容器（管道）附近作业时，高温蒸汽（水）泄漏烫伤。见图 7-5。

图 7-5

（6）热水井的井盖损坏、缺失或未盖实，人员踏空落井烫伤。见图 7-6。

图 7-6

（7）动火作业时，焊渣飞溅或接触热工件烫伤。见图 7-7。

图 7-7

（8）配制化学溶液或卸酸（碱）作业时，溶液溅出（溢洒）灼伤。见图 7-8。

图 7-8

（9）人与带电体安全距离不足、电气误操作等，电气设备放电或短路，电弧伤人。见图 7-9。

图 7-9

第二节 个人能力与防护

一、个人能力要求

（1）除灰（焦）人员、热力作业人员必须经专业技能培训，符合上岗要求。

（2）电（气）焊人员属于特种作业人员。必须经专业技能培训，取得《特种作业操作证》（焊接与热切割作业）。见图 7-10。

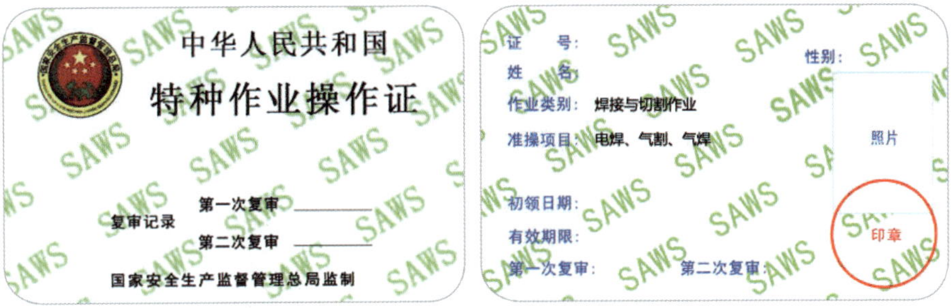

图 7-10

（3）电工属于特种作业人员。必须经专业技能培训，取得《特种作业操作证》（电工作业）。

（4）化学试验人员属于特种作业人员。必须经专业技能培训，取得《特种作业操作证》（危险化学品安全作业）。见图 7-11。

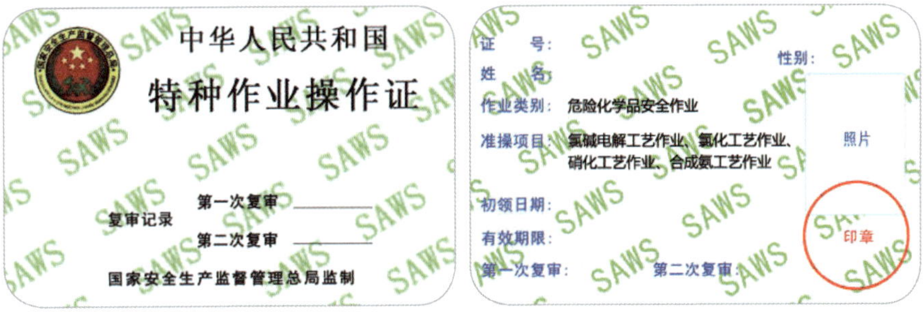

图 7-11

（5）《特种作业操作证》是由国家安全生产监督管理总局统一印制，各省级安全生产监督管理部门负责本辖区的培训和发证。有效期为 6 年，每 3 年复审一次。

二、个体防护要求

（1）除焦作业人员必须穿好隔热工作服、工作鞋，戴好防烫伤手套、防护面罩。

（2）除灰作业人员必须穿好隔热工作服、长筒靴，戴好手套，并将裤脚套在靴外面。

（3）电（气）焊作业人员必须穿好焊工工作服、焊工防护鞋，戴好工作帽、焊工手套。其中，电焊须戴好焊工面罩，气焊须戴好防护眼镜。

（4）化学作业人员[配制化学溶液、装卸酸（碱）等]必须穿好耐酸（碱）服，戴好橡胶耐酸（碱）手套、防护眼镜（面罩）。必要时戴防毒口罩（含有钠石灰过滤的）和面罩。

（5）个体防护用品必须具有生产许可证、产品合格证。使用时应检查其外观完好、无破损。

三、着装要求（见图 7-12）

（a）　　（b）　　（c）

图 7-12

（a）除焦（灰）人员；（b）电（气）焊人员；（c）化学人员

第三节　热焦（渣）烫伤防控

发电企业常见的热焦（渣）烫伤的主要场所有锅炉除焦（渣）烫伤、检修捞渣机时烫伤、电（气）焊焊渣烫伤。

一、安全作业现场

（1）捞渣机周边应装设固定的防护围栏，挂“当心烫伤”警示牌。见图 7-13。

图 7-13

（2）除焦时，在运行监盘处放上“正在除灰”标志，以提醒运行人员合理调整运行方式，采用降负荷、投油稳燃等手段，使炉膛保持负压稳定运行。见图 7-14。

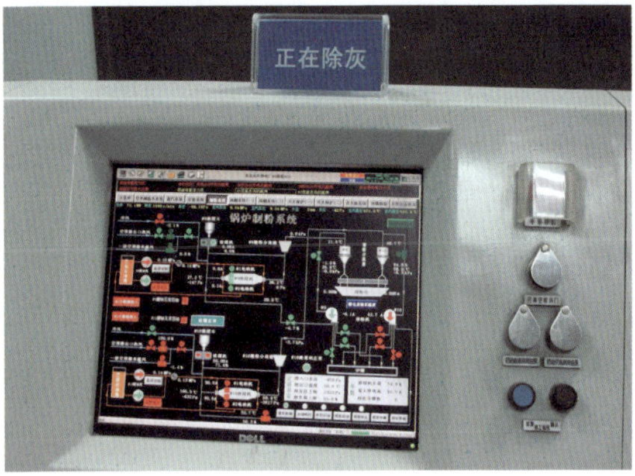

图 7-14

（3）除焦（渣）作业现场应有人员撤离通道，并选好炉风（粉）喷出、灰焦冲出时的躲避点。

（4）检修捞渣机时，必须关闭液压关断门。

（5）灰渣门应装设机械开闭装置。

（6）循环流化床锅炉的外置床事故排渣口周围必须设置固定围栏。

（7）电（气）焊作业面应铺设防火隔离毯，作业区域下方设置警戒线，并设专人看护。见图 7-15。

图 7-15

（8）作业现场照明必须充足。

二、安全作业行为

（1）锅炉运行时，严禁打开任何门孔。不得在锅炉人孔门、炉膛连接的膨胀节处长时间停留。

（2）观察锅炉燃烧情况时，必须佩戴防护眼镜或用有色玻璃遮盖眼睛。

（3）严禁站在锅炉看火门、检查门或燃烧器检查孔的正对面，以防火焰喷出伤人。

（4）吹灰时，严禁打开检查孔观察燃烧情况。

（5）遇锅炉结焦严重时，必须降低锅炉负荷，减少灰渣量。

（6）除焦时，原则上应停炉进行。确需不停炉除焦（渣）时，应设置警戒区域，挂上安全警示牌，设专人监护。见图 7-16。

图 7-16

（7）开启锅炉看火门、检查门、灰渣门时，人应站在门后，并选好向两旁躲避退路。见图 7-17。

图 7-17

（8）除焦（灰）时，人员应站在平台或地面上，严禁站在楼梯、管子或栏杆上等。见图 7-18。

图 7-18

（9）遇有燃烧不稳或有炉烟向外喷出时，严禁除焦作业。见图 7-19。

图 7-19

（10）除焦（渣）作业以 2 人一组为宜，轮换进行。严禁 1 人除焦作业。

（11）停炉用水力除焦时，应做好防止烫伤的措施。

（12）进入炉内人工除焦时，应做好防止高空掉焦和渣井坍塌的措施。

（13）不停炉检修干渣机时，作业人员应戴空气呼吸器，防止烫伤。

（14）不停炉检修捞渣机时，应控制好检修时间，以防灰渣大量堆积。停炉检修捞渣机时，应做好防止烫伤措施。

（15）制粉设备内部有煤粉空气混合物流动时，严禁打开检查门。

（16）锅炉燃烧不稳定或有烟灰向外喷出时，严禁除灰。

（17）放灰时，在除灰设备和排灰沟附近严禁作业或逗留。

（18）开启灰渣门前，应先用水浇透灰渣，缓慢开门，以防灰渣突然冲出。严禁出红灰。

（19）捣碎灰渣斗内的渣块时，作业人员应站在灰渣门的一侧，斜着使用工具。不得正对灰渣门。

（20）放入灰车内的灰渣未完全熄灭时，应用水浇灭。不得推运未熄灭的灰渣。

（21）浇灭灰车中的灰渣时，人应站在距灰车 1.5~2m 以外位置，以免被灰渣和蒸汽烫伤。

（22）用水冷却排渣灰堆时，应采取从外到里逐步冷却方法，严禁直接将水冲入灰堆。

（23）从锅炉烟道下部放灰时，人应站在灰斗挡板侧边缓慢打开。必要时先向热灰浇水。

（24）炉排漏煤时，应缓慢打开漏煤斗挡板，当发现有红煤冲下时，应用水浇灭。

（25）查液态除渣的出渣口时，作业人员应戴有色防护眼镜，避开通渣孔正面。当产生氢爆时，应把水源切断，放尽存水。

（26）循环流化床锅炉事故排渣时，必须设专人监护，放出的渣料应冷却至常温后，方可清理。

（27）清扫烟道时，应先清除烟道内未完全燃烧的堆积燃料。

（28）清扫空气预热器上部时，下部不得有人；清扫下部时，应做好防止灰尘落下烫伤的措施。

（29）煤（粉）仓内有燃着或冒烟的煤（粉）时，严禁入内。

（30）严禁在运行中的汽、水、燃油管道法兰盘、阀门附近长时间停留。

（31）严禁在运行中的煤粉系统和锅炉烟道人孔及检查孔和防爆门、安全门附近长时间停留。

（32）严禁在运行中的除氧器、热交换器、汽包水位计以及捞渣机等处长时间停留。

（33）焊工作业的安全要求：

1）焊工必须穿好个体防护用品，佩戴防护面罩，防护用品上不得沾有油、脂等。

2）焊（割）把与气带必须用喉箍固定牢固，防止气带脱落。见图 7-20。

图 7-20

3）采用电弧气割清除焊渣时，应戴防护眼镜或面罩，防止铁渣飞溅伤人。

4）严禁用手搬动刚焊（割）后的工件。

5）严禁在带压力的容器或管道上施焊。

6）严禁在未清理干净的容器或管道内的介质前施焊。

7）更换焊条必须戴手套。

第四节 热水（蒸汽）烫伤防控

发电企业常见的热水、蒸汽烫伤的主要场所有高温高压管道、热交换器、热水井等。

一、安全作业现场

（1）汽轮机各疏水出口处，应装设保护遮盖装置。

（2）热交换器检修时，必须关断相连接的进汽（水）阀门并加锁链，打开疏水门，放尽余汽（水）。见图 7-21。

图 7-21

（3）更换或补焊热力管道时，必须关闭两侧阀门，打开疏水门，放尽余汽（水）。见图 7-22。

图 7-22

（4）更换或检修水泵时，必须关闭出入口阀门，并在阀门处挂上安全警示牌。见图 7-23。

图 7-23

（5）蒸汽（热水）阀门泄漏或管道保温缺损时，必须设置警戒区域，挂安全警示牌。见图 7-24。

图 7-24

（6）热水井应设有井台，高度不低于 0.5m。若不符合要求时应在井盖上加锁。当井盖掀开时，必须装设牢固的防护围栏，挂上安全警示牌。见图 7-25。

图 7-25

（7）汽、水取样点照明应充足。

二、安全作业行为

（1）开启灼烫源检查门时，人应站在门后，并观察好向两旁躲避的退路。

（2）检修带高温设备时，应待设备冷却后再作业；必须抢修时，应戴手套和穿专用防护服。

（3）用手确认热体温度时，应用手背触碰。

（4）锅炉运行中，不得带压对承压部件进行焊接、捻缝、紧螺丝等作业。

（5）热紧锅炉法兰、人孔、手孔等处螺丝时，应由专业人员操作，使用标准扳手。严禁将扳手的手把接长。

（6）锅炉水压试验时，应在空气门、给水门处设专人看护，以免水满烫伤他人。

（7）锅炉进行 1.25 倍工作压力的超压试验时，在保持试验压力时间内不得进行任何检查。

（8）双色水位计不得做超压试验，防止玻璃碎裂伤人。

（9）校验安全门时，应保证运行人员与检修人员通信畅通，并设专人指挥。严禁在待校验的安全门附近站人。

（10）安全门不启座时，严禁用敲打阀门的方法助力启座。

（11）封闭式锅炉校验安全门时，应打开窗户通风，防止蒸汽外泄烫伤人。

（12）严禁在有压力的管道上进行检修。

（13）热交换器内有人作业时，应打开人孔门，外面设专人监护。见图 7-26。

图 7-26

（14）严禁在高温高压容器、管道、安全门附近长期逗留。见图 7-27。

图 7-27

（15）拧松法兰盘螺丝时，人应站在法兰盘侧面，严禁正对法兰盘。

（16）松开法兰螺丝时，应先松远端螺丝再松近端螺丝，在螺丝全部松动后，确认热力管道无压力、无汽水残留时，方可摘除螺丝。

（17）拆除堵板时，必须先将堵板的另一侧积存的汽（水）放尽。

（18）检修蒸汽（热水）管道前，必须打开管段疏水门。必要时可采用松开疏水门法兰的方法，确认管道内无压力或存水。

（19）当过热蒸汽管道有外泄异常声音时，不得盲目行走，必须在周边设置警戒区域。见图 7-28。

图 7-28

（20）冲洗水位计时，人应站在水位计侧面，操作阀门时应缓慢小心。

（21）汽、水取样时，操作人应戴好手套，先开启冷却水门，再开启取样管的汽水门，使样品温度保持在 30℃以下。

（22）高温汽水样品必须通过冷却装置降温后取样，应保持冷却水管畅通和冷却水量充足。

第五节　化学灼伤防控

发电企业常见的化学灼伤的主要场所有配制化学溶液、加药、酸洗、卸酸（碱）等。

一、安全作业现场

（1）酸（碱）罐周围应设不低于 15cm 的围堰及不低于 100cm 的围栏，并挂安全警示标志。见图 7-29。

图 7-29

（2）酸（碱）罐的玻璃液位管应装设金属防护罩，并挂安全警示标志。见图 7-30。

图 7-30

（3）酸（碱）储藏槽的槽口必须装设槽盖、防护围栏，并挂安全警示标志。

（4）地下或半地下酸（碱）罐的顶部必须有明显标识，盖板上不得站人。见图 7-31。

图 7-31

（5）化学试验室、配药间、卸酸（碱）场所必须装设机械排风装置、淋浴喷头、洗眼装置、冲洗及排水设施。见图 7-32。

（a）　　　　（b）

图 7-32

（6）在酸洗作业场所应配备足够量的石灰粉。见图 7-33。

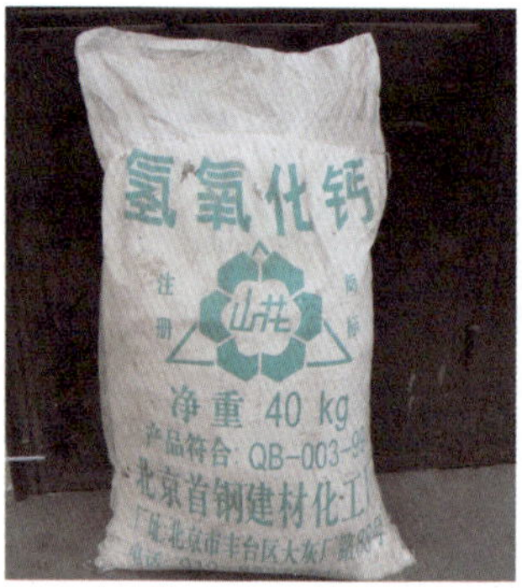

图 7-33

（7）化学试验室必须配备中和用药、急救药箱、毛巾、肥皂等。见图 7-34。

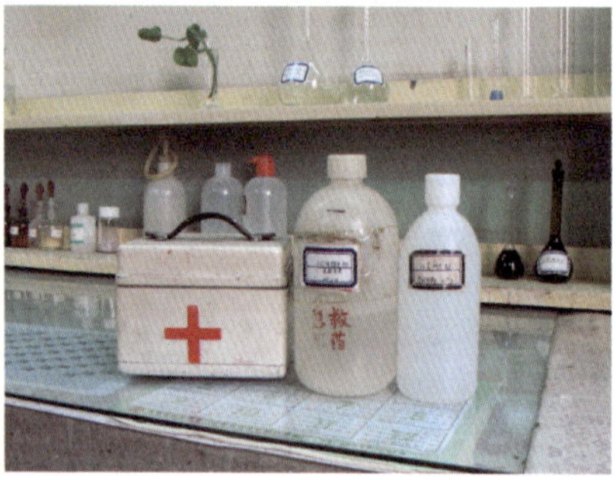

图 7-34

二、安全作业行为

（1）酸（碱）作业人员必须佩戴专用口罩、橡胶手套及防护眼镜，穿橡胶围裙及长筒胶靴，裤脚应放在靴外。见图 7-35。

图 7-35

（2）吸取酸碱性、有挥发性或刺激性的液体时，应使用滴定管或吸取器。严禁用口含管吸取。见图 7-36。

图 7-36

（3）盛装酸（碱）容器的盖子必须盖紧后搬运，对较重或较大的容器应二人以上抬运。严禁单人用肩扛、背驮或抱住等方法搬运。见图 7-37。

图 7-37

（4）配制化学溶液时，必须使用吸取器。不得用酸（碱）瓶直接倾倒液体。见图 7-38。

图 7-38

（5）掀起盛酸（碱）瓶盖时，瓶口不得对人，夏季必须先冷却酸（碱）瓶再操作。见图 7-39。

图 7-39

（6）配制稀酸时，应将浓酸沿玻璃棒缓慢注入水中，不断搅拌。严禁将水倒入酸内。见图 7-40。

图 7-40

（7）试管加热时，试管口不得对人，刚加热过的玻璃仪器不得接触皮肤及冷水。

（8）蒸馏易挥发和易燃液体时，应采用热水浴法或其他适当方法。严禁用火焰加热方法。

（9）用烧杯加热液体时，液体的高度不应超过烧杯的 2/3。

（10）开启强碱容器和溶解强碱时，应戴橡胶手套、口罩和眼镜，并用专用工具。

（11）打碎大块强碱时，应先用废布包住，细块不应飞出。

（12）从酸槽或酸储存箱中取出酸液时，应采用负压抽吸、泵输送或自流方式输送。

（13）在室内用酸瓶倒酸时，下面应放置较大的耐腐蚀盆（玻璃盆或陶瓷盆）。

（14）严禁使用破碎的或不完整的玻璃器皿作化学试验。

（15）酸碱槽车用压缩空气顶压卸车时，压力不得超过槽车允许压力。严禁在带压下泄压操作。严禁在无送气门、空气门和不准承压的槽车上用压缩空气顶压卸车。

（16）当浓酸倾撒在地面上时，应先用碱中和，再用水冲洗；或先用土吸收，扫除后再用水冲洗。见图 7-41。

图 7-41

（17）拆卸酸碱等强腐蚀性设备时，必须先泄掉设备内部压力，防止酸碱喷出伤人。

（18）搬运和使用氨水、联氨时，必须放在密封容器内，不得与人体直接接触。撒落在地面上应立即用水冲刷干净。

（19）氢氟酸应装在聚乙烯或硬橡胶容器内，桶盖密封。严禁放在阳光下曝晒。

（20）水处理设备泄漏时，不得直接用手触摸泄漏点。

（21）参加氢氟酸系统作业人员，工作结束后必须冲洗头面和身体各部。

（22）皮肤溅上氢氟酸液，应用清水冲洗后涂可的松软膏，眼睛内溅入酸液应用清水冲洗后滴氢化可的松眼药水。

（23）当浓酸溅到眼睛内或皮肤上时，应先用清水冲洗，再用0.5%的碳酸氢钠溶液清洗。

（24）当强碱溅到眼睛内或皮肤上时，应先用清水冲洗，再用2%的稀硼酸溶液清洗眼睛或用1%的醋酸清洗皮肤。

（25）当浓酸溅到衣服上时，应先用水冲洗，再用2%稀碱液中和后，再用水清洗。见图7-42。

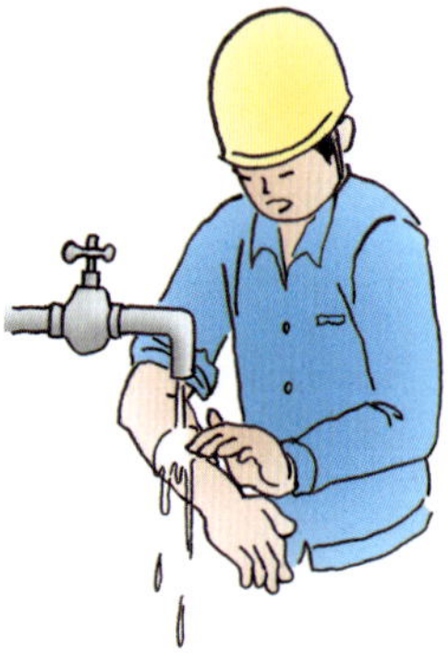

图7-42

第八章 火灾与爆炸防控

第一节 概　述

火灾是指在时间和空间上失去控制的燃烧所造成的灾害。爆炸是指物质由一种状态迅速转变成另一种状态，并在瞬间放出大量能量，同时伴随有声响的过程。发电企业生产区域有可能发生火灾与爆炸的主要场所有易燃易爆物品场所、动火作业现场、输煤（制粉）系统、油系统、氢（氨）气系统、风力发电机。存在的主要安全风险有：

（1）现场随意堆放的可燃物，如油毡、木材、煤（汽）油、塑料制品及装饰（修）材料等被引燃。

（2）现场可燃气体或粉尘浓度超标，遇明火点燃或爆炸。见图 8-1。

图 8-1

（3）电（气）焊作业时，焊渣、电火花引燃可燃物。见图 8-2。

图 8-2

（4）乙炔气瓶泄漏，遇明火点燃或爆炸。见图 8-3。

图 8-3

（5）现场乱接乱拉临时电源、线路老化破损或超载用电，造成电路短路打火、引燃可燃物。见图 8-4。

图 8-4

（6）使用不合格的电动工具，造成电路短路打火、引燃可燃物。见图 8-5。

图 8-5

（7）照明灯具距可燃物较近，长时间照射被引燃。见图 8-6。

图 8-6

（8）煤（粉）长期积存引起自燃或遇明火点燃。见图 8-7。

图 8-7

（9）油系统泄漏，油或油气遇高温物体或明火点燃。见图 8-8。

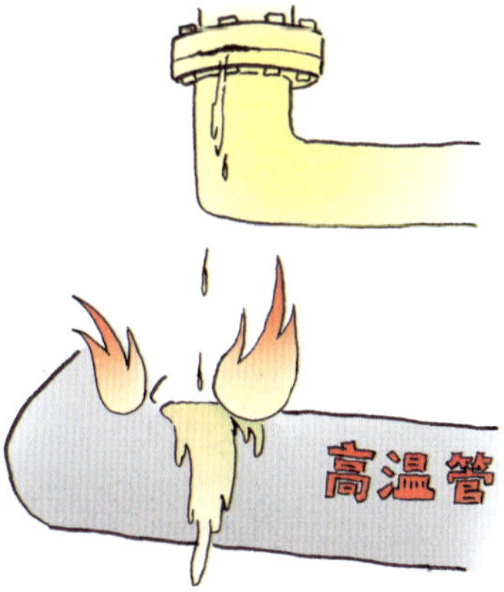

图 8-8

（10）氢（氨）气系统泄漏，遇明火点燃或爆炸。见图 8-9。

图 8-9

（11）现场违章使用火炉、液化石油气等引燃可燃物。见图 8-10。

图 8-10

（12）现场流动吸烟，烟头随处乱丢，引燃可燃物。见图 8-11。

图 8-11

（13）风力发电机的刹车系统在高速制动时，产生火花和高温碎屑，引燃可燃物着火。见图 8-12。

图 8-12

（14）风力发电机的机舱、塔筒内电气设备短路，电弧引燃可燃物（如油脂、保温材料等）着火。见图 8-13。

图 8-13

（15）风力发电机检修时，使用易燃物品（如汽油、酒精等）清洗或擦拭设备引起着火。见图 8-14。

图 8-14

（16）雷击风力发电机叶片起火。见图 8-15。

图 8-15

第二节 个人能力与防护

一、个人能力要求

（1）一般作业人员必须了解和掌握消防安全常识，会使用常规的消防器材，能及时扑灭初期火灾，并会报火警。

（2）氨站、集控室及特殊场所的人员必须会正确佩戴和使用正压式空气呼吸器。

（3）企业消防主管应经当地消防主管部门专业技能培训合格后，方可上岗。

（4）企业消防主管部门应每年对义务消防员进行一次专业技能培训及消防演练。

二、个体防护要求

（1）进入电缆沟（隧道）、受限空间、烟火较大等场所灭火时，必须佩戴正压式空气呼吸器。

（2）正压式空气呼吸器应满足以下安全要求：

1）必须有生产许可证、产品合格证。

2）必须经地方消防管理部门检验，并有“检验合格证”。检验周期为三年。

3）使用前应检查镜片、系带、背具、各类气阀等完好，并作充压试验，压力表指示正常（28 ～30 MPa），无泄漏现象，气源余压报警器工作正常。见图 8-16。

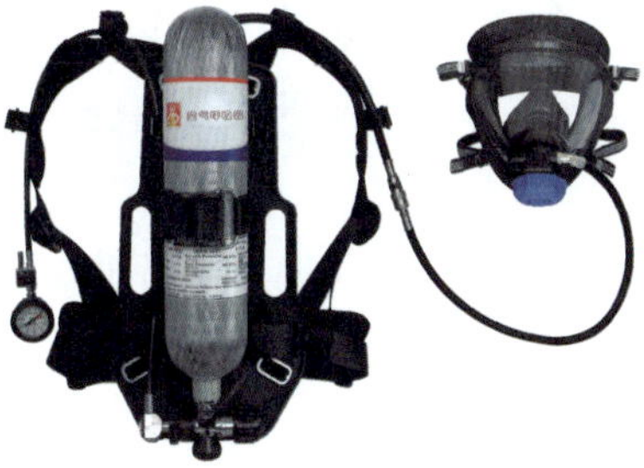

图 8-16

三、着装要求（见图 8-17）

图 8-17

第三节 易燃易爆物品火灾防控

易燃物质是指在空气中容易发生燃烧或自燃放出热量的物质，如汽油、煤油、酒精等；易爆物质是指与空气以一定比例结合后遇火花容易发生爆炸的物质，如氢气、氧气、乙炔等。发电企业常见的易燃易爆物品有汽油、煤油、稀料、油漆、油脂、液氨、保温材料、防腐材料、氢气、氧气、乙炔、液化气等。

一、安全作业现场

1. 易燃易爆物品库房的安全要求

（1）库房的耐火等级不低于二级，消防安全布局符合防火要求。

（2）容积较小的仓库（储存量在 50 个气瓶以下）与其他建筑物的距离应不少于 25m；较大的仓库与施工及生产地点的距离应不少于 50m；与办公楼的距离应不少于 100m。

（3）库房的门窗应采用耐火材料、应向外开，玻璃应用毛玻璃或涂白色油漆，地面砸击时不会发生火花。

（4）库房应有隔热保温、防爆型通风排气设施。见图 8-18。

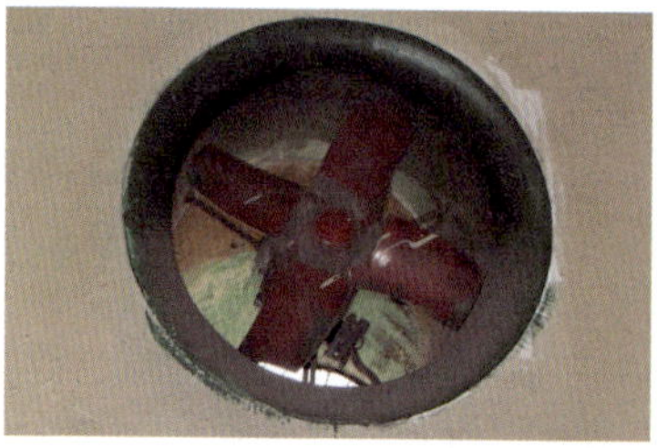

图 8-18

（5）库房内的电气设备应选用防爆型。

（6）库房内应装设气体、烟雾等报警装置。

（7）库房内安全出口畅通，且无障碍物。

（8）库房内应有完备的消防器材和消防设施。见图 8-19。

图 8-19

（9）库房门应悬挂“禁止烟火”、“禁止带火种”等警示牌。见图 8-20。

图 8-20

（10）储存气瓶仓库周围 10m 以内，不得堆置可燃物品，不得明火。

2. 压缩气瓶的安全要求

（1）气瓶应按规定涂色和标字。见表 8-1。

表 8-1

序号	气瓶类别	气瓶颜色	气瓶上的标字
1	氧气瓶	蓝色	用黑颜色标明“氧气”字样
2	乙炔气瓶	白色	用红色标明“乙炔”字样
3	氮气瓶	黑色	用黄色标明“氮气”字样
4	二氧化碳气瓶	铝白色	用黑色标明“二氧化碳”字样

（2）气瓶应定期检验，并粘有“检验合格证”标识，检验周期如下：

1）盛装一般气体的气瓶，每 3 年检验一次。

2）盛装腐蚀性气体的气瓶，每 2 年检验一次。

3）盛装惰性气体的气瓶，每 5 年检验一次。

4）液化石油气瓶，使用未超过 20 年的，每 5 年检验一次；超过 20 年的，每 2 年检验一次。

（3）氧气瓶的减压器应涂蓝色；乙炔发生器的减压器应涂白色，不得混用。

（4）每个氧气减压器和乙炔减压器上只允许接一把焊炬或一把割炬。

（5）氧气软管应用 1.961MPa 的压力试验，乙炔软管应用 0.490MPa 的压力试验。

（6）气瓶上应套两个厚度不少于 25mm 的防震胶圈，分设在两端附近，瓶口戴保险帽。见图 8-21。

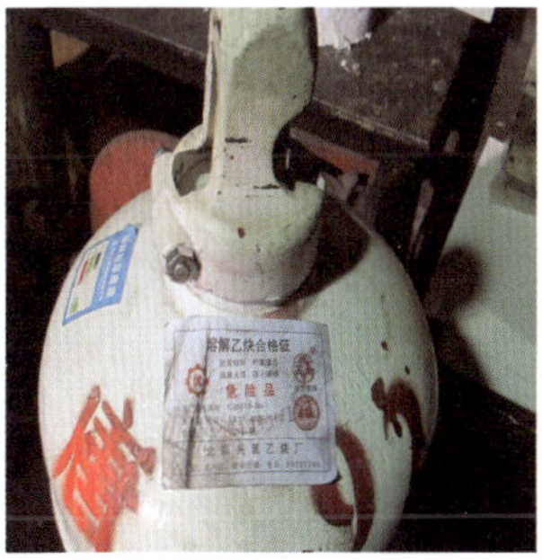

（a）

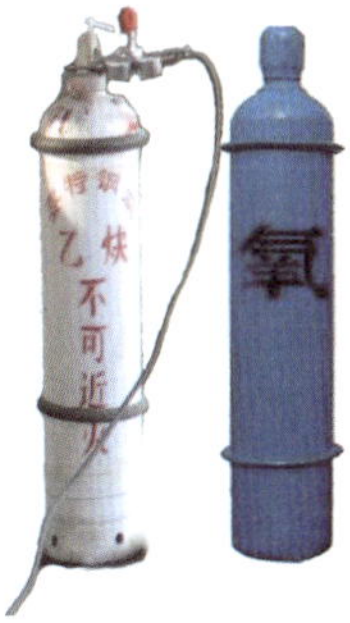

（b）

图 8-21

（7）气瓶应分类存放，重瓶和空瓶应分开，用过的瓶上应注明“空瓶”，有缺陷的瓶上应注明“有缺陷”。

（8）气瓶用后应剩余0.05MPa以上的残压，可燃性气体应剩余0.2～0.3MPa。氧气瓶内的压力降至0.196MPa时，严禁使用。

（9）气瓶摆放应直立地面上，固定牢固。不得瓶压存放，不得靠近火、电、热、油等物质。见图8-22。

图 8-22

（10）氧气瓶不得与乙炔气瓶或其他可燃气体的气瓶储存于同一仓库。

（11）露天气瓶应用帐篷或轻便的板棚遮护，不得曝晒。

3. 存放易燃易爆物品的安全要求

（1）易爆物品必须储放在隔离房间和保险柜内，保险柜应双锁、双人、双账管理。

（2）标识清晰、分类存放。

（3）忌水、忌晒的化学危险品应标注清楚，并妥善存放。

（4）失效、过期的化学危险品应分开存放。

（5）严禁将氧化性和还原性物质同屋存放。见图8-23。

图 8-23

（6）物品摆放应保持一定间距。

二、安全作业行为

（1）易燃易爆物品应建档，领用应登记。

（2）易燃易爆物品必须从正规生产厂家购置，且有“检验合格证”。

（3）易燃易爆物品领用原则上不得超过当天的使用量，现场不得超量储存。

（4）用玻璃容器盛装的化学危险品，必须放在木箱内搬运。见图 8-24。

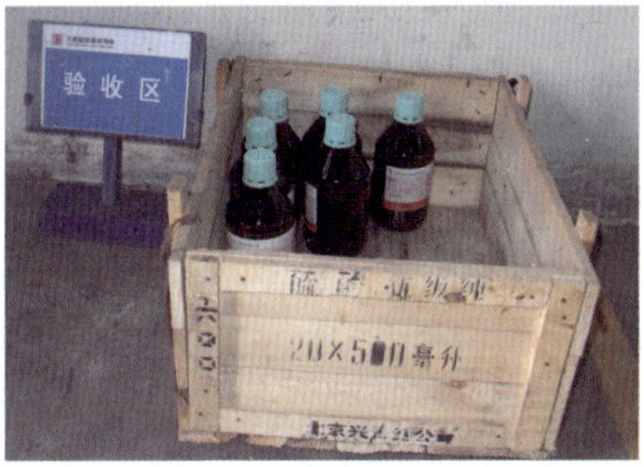

图 8-24

（5）办公室、值班室不得存放汽油、酒精、稀料等可燃物。见图 8-25。

图 8-25

（6）存放汽油、稀料不得使用塑料桶。见图 8-26。

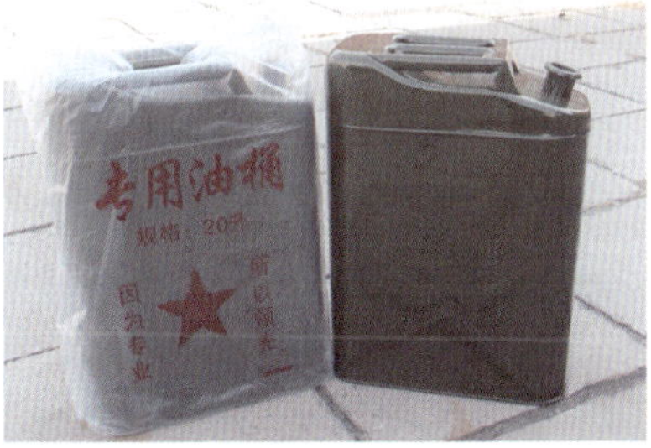

图 8-26

（7）存放易燃易爆物品的场所不得使用电热设备，不得有明火。见图 8-27。

图 8-27

（8）易燃易爆物品不得在露天、低温、高温处存放。见图 8-28。

图 8-28

（9）气瓶搬运应使用专门的抬架或手推车。

（10）搬运气瓶时，应将瓶颈上的保险帽和气门侧面连接头的螺帽盖盖好。严禁运送和使用没有防震胶圈和保险帽的气瓶。

（11）装卸氧气瓶、乙炔气瓶时，不得抛、滑、滚、碰，不得使用电磁起重机和链绳吊装。见图 8-29。

图 8-29

（12）氧气瓶、乙炔气瓶、易燃易爆物品或可燃气体容器均不得混合存放或同车运输。见图 8-30。

图 8-30

（13）氧气瓶上不得沾染油脂、沥青等，不得与油类接触，不得曝晒。见图 8-31。

图 8-31

（14）严禁用温度超过 40℃的热源对气瓶加热。见图 8-32。

图 8-32

（15）严禁将气瓶软管搭在高温管道上或电线上。见图 8-33。

图 8-33

（16）严禁混用氧气软管和乙炔气软管。

（17）严禁使用氧气作为压力气源吹扫管道。

（18）严禁用氧气吹乙炔气管。

（19）气瓶减压器的低压室没有压力表或压力表失效，不得使用。

（20）气瓶减压器冻结时，应用热水或蒸汽解冻，严禁用火烤。

（21）开启氧气阀门应使用专门扳手，不得使用凿子、锤子开启。乙炔阀门应用特殊的键开启。

（22）严禁在动火场所存储易燃物品，例如：汽油、煤油、酒精等。若需小量的润滑油和日常使用的油壶、油枪时，必须存放在指定地点的储藏室内。

（23）严禁在装有易燃物品的容器上或在油漆未干的物体上焊接作业。

（24）严禁在储有易燃易爆物品的房间内焊接作业。

（25）化学清洗时，严禁在清洗系统上明火作业。

（26）使用无齿锯时，火花飞溅方向不得有易燃易爆物品。

（27）使用喷灯时，喷嘴不得对易燃易爆物品，不得在使用煤油或酒精的喷灯内注入汽油。

（28）油漆库及喷漆场所周围 10m 内不得有明火。

（29）加油站附近 18m 内不得明火。

（30）使用过的废油（脂）应及时回收，妥善处理。不得随意抛洒。

第四节　作业现场火灾防控

作业现场火灾主要是指违章动火、违章用电或吸烟等引燃可燃物造成的火灾。其中，违章动火主要指动火作业中产生的火花或焊渣引燃可燃物；违章用电主要指作业人员乱接乱拉临时电源、电线老化破损或超载用电等，造成电气设备过热、短路，电弧或电火花点燃可燃物。

一、安全作业现场

（1）动火现场周围 3m 以内，严禁堆放易燃易爆物品。不能清除时应用阻燃物品隔离（用围屏或石棉布遮盖）。见图 8-34。

图 8-34

（2）电气设备附近不得堆放可燃物。见图 8-35。

图 8-35

（3）照明电源线应使用橡套电缆，不得使用塑胶线。不得沿地面敷设电缆。见图 8-36。

图 8-36

（4）电（热）光源距可燃物应保持一定距离，不得贴近可燃物。见图 8-37。

图 8-37

（5）氧气瓶、乙炔气瓶必须直立固定放置，气瓶间距不小于 5m，与明火点不小于 10m。乙炔气瓶必须安装回火器，气瓶不得曝晒。见图 8-38。

图 8-38

（6）橡胶软管的长度应不小于 15m，不得有鼓包、裂缝或漏气，不得贴补或包缠，不得搭放在高温物体上。见图 8-39。

图 8-39

（7）敷设临时电缆时，不得搭在热体、油气或氢气等管道上。

（8）进入控制室、电缆夹层、控制柜、开关柜等处的电缆孔洞，必须用防火材料严密封堵。并沿两侧一定长度上涂以防火涂料或其他阻燃物质。

（9）盛装有油脂、可燃液（气）体的容器必须先清洗或置换，隔绝连接的管道，加装堵板。

（10）盛装危险化学品的容器、设备或管道等必须清洗置换后，方可动火。

（11）盛装油品的容器、设备或管道等必须用碱液浸泡、冲洗，并蒸汽吹扫后，方可动火。

（12）盛装可燃气体的容器、设备或管道等必须用惰性气体置换后，方可动火。

（13）在生产、使用、储存氧气的设备上动火前，检测氧含量不应超过23.5%。

（14）在储酸设备上动火前，必须检测氢气浓度，以防氢气聚集发生燃烧和爆炸。

（15）热体、油气或氢气等易引起着火的管道附近不得堆放可燃物。见图8-40。

图8-40

（16）动火地点最多只许有两个氧气瓶（一个工作、一个备用）。

（17）动火作业区域或下方必须设置警戒线，设专人看护，并备有专用灭火器材。见图8-41。

图8-41

二、安全作业行为

（1）电（气）焊动火执行人必须持有焊工证，并穿戴好个人防护用品。

（2）焊枪点火时，应先开氧气门，再开乙炔气门，点火。熄火时与此相反。

（3）严禁在焊枪着火时疏通气焊嘴。

（4）橡胶软管使用中发生脱落、破裂或着火时，应先熄灭焊枪火焰，停止供气，然后再灭火。

（5）焊嘴过热堵塞发生回火或多次鸣爆时，应先熄灭焊枪，再将焊嘴浸入冷水中。

（6）动火时应控制火花飞溅，必要时铺设石棉布（毯），动火结束应清理现场火种。见图 8-42。

图 8-42

（7）动火执行人应站在动火点的上风处。严禁电焊与气焊上下交叉作业。见图 8-43。

图 8-43

（8）动火点周边有可燃物时，不得动火。见图 8-44。

图 8-44

（9）对地下室内、电缆沟、疏水沟、下水道和井下等情况不明时，不得动火。见图 8-45。

图 8-45

（10）对拆除管线的内部介质不清时，不得动火。见图 8-46。

图 8-46

（11）未清洗或置换盛装过易燃易爆物质的容器或管道时，不得动火。见图 8-47。

图 8-47

（12）在容器内衬胶、涂漆、刷环氧玻璃钢时，应打开人孔门及管道阀门。严禁明火。见图 8-48。

图 8-48

（13）严禁向密封容器内部输送氧气。

（14）严禁在密闭容器内同时进行电焊及气焊作业。

（15）严禁使用氧气（乙炔）管道作为接地装置。

（16）可燃材料（如保温、隔热、隔音等）与动火点未可靠隔离时，不得动火。见图 8-49。

图 8-49

（17）在有可能产生易燃气体（如汽油擦洗、喷漆、灌装汽油等）的场所，不得动火。见图 8-50。

图 8-50

（18）电缆与动火点未可靠隔离时，不得动火。见图 8-51。

图 8-51

（19）在脱硫吸收塔内动火时，作业区域、吸收塔底部应各设 1 人监护，并确认消防水系统、除雾器冲洗水系统在备用状态。

（20）进行脱硫塔除雾器和喷淋系统检修时，严禁动火。

（21）在袋式除尘器入口烟道、气流均布板、烟气室检修时，必须做好防止火花进入除尘器滤袋区域的措施。

（22）严禁在衬胶、涂磷的防腐设备上（如脱硫塔、球磨机、衬胶泵、烟道、箱罐、管道等）进行动火作业。

（23）严禁在浓缩机内动火作业（内有玻璃钢斜管组件时）。

（24）氨（尿素）设备及管道动火前，应用惰性气体进行置换，检测合格后，方可作业。严禁使用钢（铁）质工具操作氨系统的阀门。

（25）严禁在存储氨的管道、容器外壁进行焊接作业。

（26）储仓内存有尿素时，不得在仓内、外壁上动火作业。

（27）在地下维护室和沟道内使用汽油机或柴油机时，应将排气管接到外面。

（28）在衬里设备外表面进行动火时，应做好防止衬里着火的措施。

（29）凝结水精处理设备动火前，必须检测氢气浓度。

（30）制氯设备动火前，必须将设备冲洗干净，排出残存的氢气和氯气。

（31）厂区内严禁吸烟。

（32）严禁超载用电。

（33）风力大于 3 级、小于 5 级时，露天动火作业必须搭设挡风屏；风力超过 5 级时，严禁露天动火作业。

第五节　输煤（制粉）系统火灾防控

输煤（制粉）系统火灾主要是指原煤、煤粉遇明火或高温体引发的火灾。火电厂输煤系统包括卸煤、输煤、给煤、储煤系统。其中，卸煤设备有螺旋卸车机、翻车机等，输煤设备有皮带、皮带传动设备（电动机、减速机），给煤设备有叶轮给煤机、振动给煤机等，储煤系统有储煤罐、原煤仓（斗）、煤场。制粉系统包括磨煤机、煤粉仓、给粉机、输粉管等。

一、安全作业现场

（1）输煤设备上或周围的积粉应经常清理，不得长期积存。见图 8-52。

图 8-52

（2）长期停运的输煤设备（皮带）不得存有原煤和煤粉。见图 8-53。

图 8-53

（3）输煤皮带与动火设备间应搭设防火隔离层或铺设防火毯等，方可动火。见图 8-54。

（a）　（b）

图 8-54

（4）储煤场应有良好照明、排水沟和消防设备，消防车辆的通路应畅通。煤场周边不得堆放易燃易爆物品。见图 8-55。

图 8-55

（5）储煤场的地下不得敷设电缆、蒸汽管道、易燃或可燃液体（气体）管道。见图 8-56。

图 8-56

（6）制粉系统附近不得堆放易燃易爆物品。见图 8-57。

图 8-57

（7）制粉系统管道必须加阻燃保温材料。

（8）磨煤机排渣门附近不得有可燃物。

（9）制粉系统防爆门不得正对电缆或易燃物。见图 8-58。

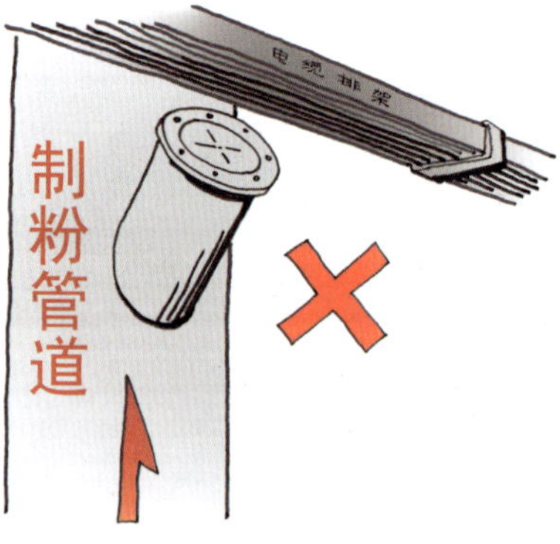

图 8-58

（10）电缆排架上不得有积粉。见图 8-59。

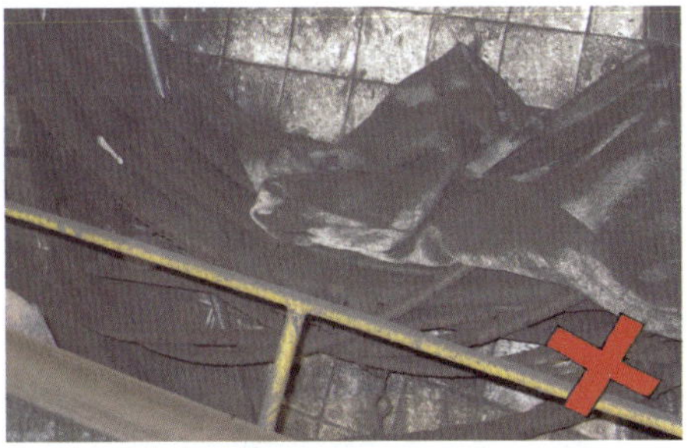

图 8-59

（11）现场煤粉浓度不得超标，应控制在 359g/m^3 以下。

（12）筒仓下部入口处应设“严禁烟火”警示牌，顶部防爆窗外设“危险！请勿靠近”警示牌。

二、安全作业行为

（1）检修制粉设备前，应与有关系统可靠隔绝，清除设备内部积粉，打开人孔门。必要时检测粉尘浓度。见图 8-60。

图 8-60

（2）热（电）源附近不得有积煤（粉）或可燃物等。见图 8-61。

图 8-61

（3）煤（粉）仓动火前，应先清空煤（粉）仓，并检测仓内粉尘、可燃气体浓度。

（4）锅炉停用时间较长时，应将煤斗原煤烧尽，防止积煤自燃。

（5）输煤（制粉）系统的电气设备、配电箱（盘）内及电缆排架上的积粉应定期清扫。见图 8-62。

图 8-62

（6）严禁在制粉设备附近吸烟或点火。

（7）严禁在运行中的制粉设备上焊接作业。

（8）严禁在煤粉仓内（外）附近吸烟或点火。

（9）严禁将易燃物品带进煤粉仓内。

（10）清理煤粉仓积粉时，应使用铜质或铝质工具，防止产生火花。

（11）积粉自燃时，应用喷壶或其他器具把水喷成雾状，熄灭火源。严禁用压力水管直接浇注着火的煤粉，以防煤粉飞扬爆炸。

第六节　油系统火灾防控

油系统火灾主要是指油介质或油气遇明火或高温体引发的火灾。油系统包括燃油系统、汽轮机油系统、密封油系统。其中，燃油系统包括卸油栈台、油泵房、储油罐、输油管道、油枪、污油泵房等；汽轮机油系统包括油箱、润滑油泵、主油泵、抗燃油泵、油管道等；密封油系统包括密封油箱、密封油泵、油管道等。

一、安全作业现场

（1）燃油（气）区大门处必须挂有安全注意事项及安全标示牌，装设释放人体静电装置，以及存放手机和火种的铁箱。

（2）热力管道应布置在燃油（气）管道的上方。

（3）燃油（气）区内各种电气设施（如照明、电话、门铃等）应采用防爆型。见图 8-63。

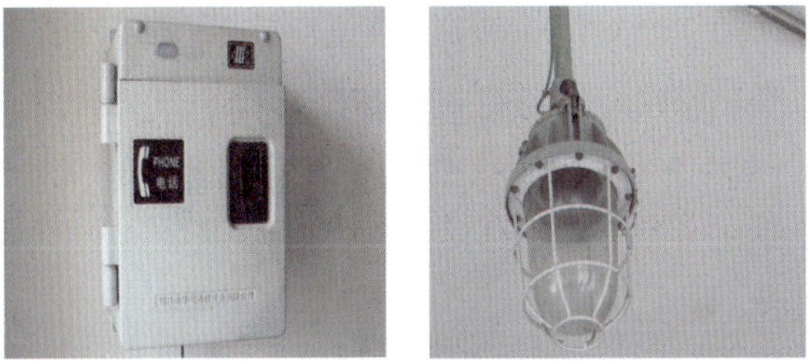

（a）　　（b）

图 8-63

（4）燃油（气）区的电力线路必须是暗线或电缆，不得有架空线。

（5）油泵房及油罐区严禁采用皮带传动装置，以免产生静电引起火灾。

（6）油泵电动机外壳接地线必须完好，牢固可靠。见图 8-64。

图 8-64

（7）油管（气）道法兰必须装设环型接地板（铜板 2mm 以上），且有明显的接地点。见图 8-65。

图 8-65

（8）卸油区内铁道必须用双道绝缘与外部铁道隔绝。油区内铁路轨道必须互相用金属导体跨接牢固，并有良好接地装置，接地电阻不大于5Ω。

（9）储存轻柴油、汽油、煤油、原油的油罐顶部应装设呼吸阀。

（10）储存重柴油、燃料油、润滑油的油罐顶部应装设透气孔和阻火器。

（11）燃油（气）罐接地线与电气设备接地线应分别装设。

（12）卸油区及燃油（气）罐区必须装设避雷装置和接地装置，且每年定期检验一次。见图8-66。

图8-66

（13）地面和半地下油罐的周围应建有防火堤（墙），金属油罐应有淋水装置。

（14）燃油（气）区内应安装在线消防报警装置，并备有足够的消防器材。

（15）燃油（气）区的周围必须设有消防车行驶通道，通道尽头设有回车场。

（16）燃油区的周围必须设置围墙，高度不低于2m，并挂有“严禁烟火”等警告牌。

二、安全作业行为

（1）进入油区人员不得穿化纤衣服，不得穿带钉子的鞋。

（2）进入油区必须登记，交出手机和火种，并释放人体静电。见图8-67。

图8-67

（3）火车机车进入卸油区时，其烟囱应扣好防火纱网，不得开动送风器和清炉渣。

（4）进入燃油（气）区的机动车辆必须加装防火罩、接地线。严禁电瓶车进入燃油（气）区。

（5）油船、汽车卸油时，应可靠接地，输油软管应接地。

（6）进入卸油区的机车行驶速度应小于5km/h，不得急刹车，挂钩应缓慢。车体不得跨在铁道绝缘段上停留，避免电流由车体进入卸油线。油区内禁止溜放车。

（7）打开油车上盖时，人应站在侧面轻开上盖。严禁用铁器敲打油车上盖。

（8）严禁将箍有铁丝的胶皮管或铁管接头伸入仓口或卸油口。

（9）油车、油船卸油时，油管道安全流速不应大于4.5m/s。

（10）严禁在可能发生雷击或附近存在火警的环境中卸油作业。

（11）燃油（气）区内不得储存易燃物品和堆放杂物，不得塔建临时建筑。见图8-68。

图8-68

（12）在燃油管道上和通向油罐（油池、油沟）的其他管道上（包括空管道）动火前，靠油罐（油池、油沟）一侧的管路法兰应拆开通大气，用绝缘物分隔，冲净管内积油，放尽余气。见图8-69。

图8-69

（13）在拆下的油管上动火前，应先将管子冲洗干净。若不能冲洗时应用洁净的棉布擦拭干净，并检测油气含量。

（14）在油罐内动火前，应将通向油罐的所有管路隔绝，拆开管路法兰通大气，并冲洗干净油罐内部。

（15）油系统动火前，必须检测油气含量浓度，合格后方可作业。严禁采用明火办法测验。见图 8-70。

图 8-70

（16）在油区焊接时，电焊机的接地线应接在被焊接设备上，接地点应靠近焊接件，不得采用远距离接地回路。

（17）检修燃油设备（管道）时，应使用铜制工具或专用防爆工具。必须使用铁制工具时，应涂黄油。见图 8-71。

图 8-71

（18）用电气仪表测量油罐油温时，严禁将电气接点暴露于燃油及燃油气体内，以免产生火花。

（19）油系统不得使用电热设备，不得用明火烘烤冻结的油管及设备。见图 8-72。

图 8-72

（20）严禁在油系统及油管道上直接动火。见图 8-73。

图 8-73

（21）擦拭用的废棉丝应随手放入金属容器内，并及时清理。见图 8-74。

图 8-74

（22）接临时电源时，电源应设置在油区外面，电缆不得有接头。严禁将电线跨越或架设在油管道上。严禁将电线引入未经冲洗、隔绝和通风的容器内。

第七节 氢气系统火灾防控

氢气系统火灾主要是指氢气遇明火或高温体引发的火灾。氢气系统包括氢罐、制氢设备、氢气冷却器、氢管道、储氢站、氢冷发电机等。

一、安全作业现场

（1）制（储）氢站大门处必须挂有安全注意事项及安全标示牌，装设释放人体静电装置，以及存放手机和火种的铁箱。见图 8-75。

图 8-75

（2）氢气系统作业现场周边不得堆放易燃易爆物品。见图 8-76。

图 8-76

（3）氢气系统检修前，必须将检修设备与运行设备可靠隔断，加装堵板，并置换气体。见图 8-77。

图 8-77

（4）氢气瓶与盛有易燃易爆、可燃物、氧化性气体的容器间距不小于 8m。见图 8-78。

图 8-78

（5）氢气瓶与明火或普通电气设备的间距不小于 10m。见图 8-79。

图 8-79

（6）氢气瓶与空调设备、空气压缩机和通风设备等吸风口的间距不小于 20m。见图 8-80。

图 8-80

（7）氢气管架上不得敷设电缆（线）。见图 8-81。

图 8-81

（8）氢气管道与燃气管道、氧气管道平行敷设时，净距不少于 250mm；分层敷设时，氢气管道应在上方。见图 8-82。

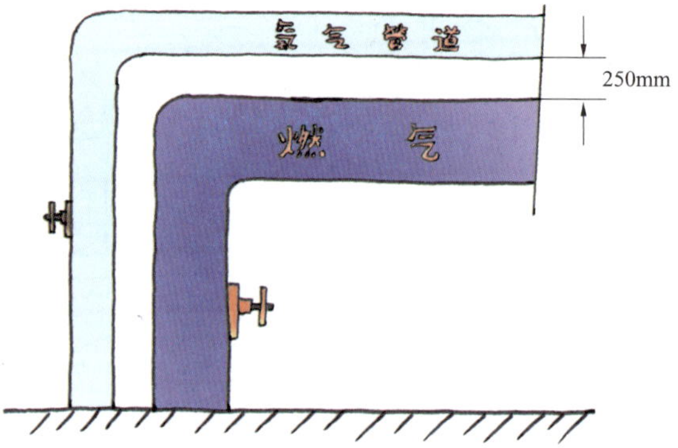

图 8-82

（9）制（储）氢站内的电气、通信设备（设施）均应采用防爆型。见图 8-83。

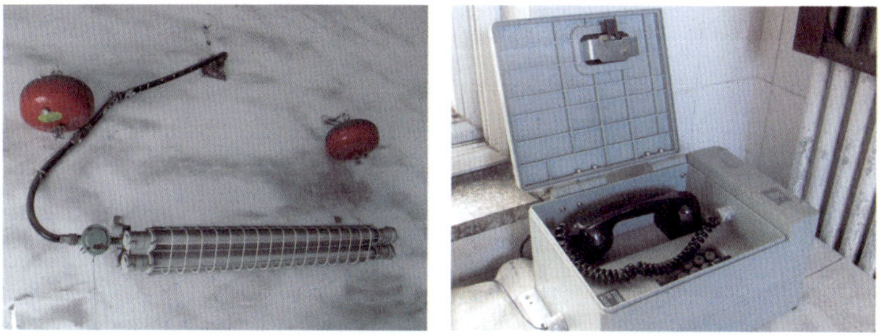

（a）　　（b）

图 8-83

（10）接临时电源时，电源应设置在氢区外面，照明灯具应采用防爆型，电缆不得有接头。

（11）制（储）氢室应装设漏氢检测装置，房顶应有透气窗。见图 8-84。

图 8-84

（12）制（储）氢站门窗应采用不产生火花材料，门应向外开。见图 8-85。

图 8-85

（13）氢罐应每 6 年检验一次，安全阀、压力表应每年检验一次。

（14）制（储）氢站作业现场应自然通风良好，必要时设置防爆机械通风设备。

（15）制（储）氢站、发电机附近应备有消防设备，挂“严禁烟火”警示牌。

（16）制（储）氢站必须设置防雷装置，且每年定期检验一次。见图 8-86。

图 8-86

（17）制（储）氢站周围应设有不低于 2m 的围墙。

二、安全作业行为

（1）进入制(储）氢站的作业人员必须穿防静电工作服，不得穿带铁钉的鞋。

（2）进入制（储）氢站必须登记，交出手机和火种等，并释放人体静电。见图 8-87。

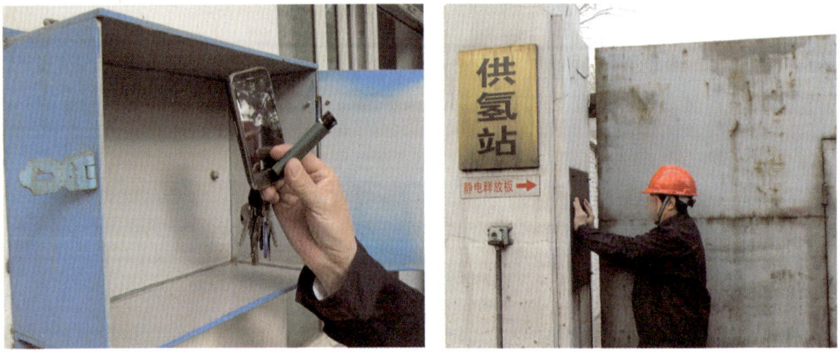

（a）　　（b）

图 8-87

（3）氢气系统动火前，应用二氧化碳或氮气置换氢气，并检测空气中含氢量小于 3%；动火中应至少每隔 4h 测定一次空气中的含氢量。

（4）向储氢罐、发电机输送氢气时，严禁剧烈排送，以防因摩擦引起自燃或爆炸。

（5）维修制氢设备时，手和衣服不得沾有油脂，且使用铜制工具。必须使用钢制工具时，应涂上黄油。见图 8-88。

图 8-88

（6）进入制（储）氢站的机动车辆必须加装防火罩。严禁电瓶车进入制（储）氢站。

（7）严禁在运行中的氢气系统及管道上直接动火。见图 8-89。

图 8-89

（8）氢气系统查漏时，应使用测氢仪或肥皂水，严禁用明火检查。见图 8-90。

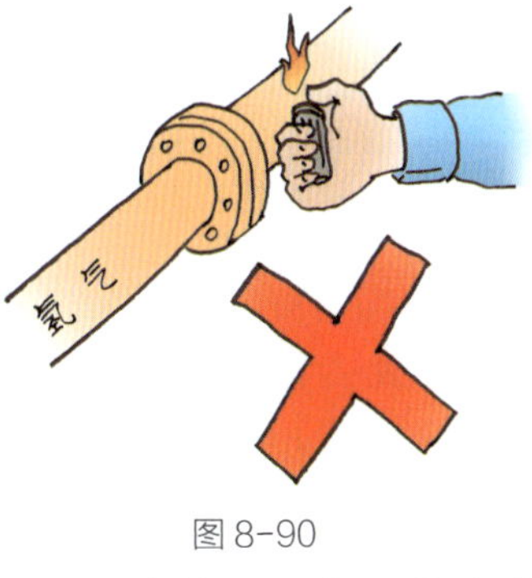

图 8-90

（9）氢气管道、阀门或设备冻结时，应用蒸汽或热水解冻，严禁用火烤。见图 8-91。

图 8-91

（10）氢气着火时，应先切断氢源，用二氧化碳灭火。必要时可用石棉布密封漏氢处。

第八节　风力发电机组火灾防控

风力发电机火灾主要是指机舱、塔筒内的设备检修防控不当、电气设备超载短路或雷击等引发的火灾。重要防火部位主要有发电机、变速箱、润滑油系统、刹车装置、电缆、电气设备及电控柜等。

一、安全作业现场

（1）风机叶片、机舱、隔热吸音棉应采用不燃、难燃或经阻燃处理的材料。

（2）机舱内涂刷防火涂料。

（3）刹车系统必须采取对火花或高温碎屑的封闭隔离措施。

（4）风机机舱、塔筒内的电气设备及防雷设施的预防性试验合格。

（5）风机机舱、塔筒内的电缆必须采用阻燃电缆。电缆孔洞封堵严密，且涂刷电缆防火涂料。见图 8-92。

（6）风机机舱的齿轮油系统应严密、无渗漏。法兰不得使用铸铁材料，不得使用塑料垫、橡胶垫（含耐油橡胶垫）和石棉纸、钢纸垫。

（7）风机机舱内的保温材料必须采用阻燃材料。

（8）风机机舱、塔筒内应装设火灾预警系统（如感烟探测器）和灭火装置。必要时可装设视频火灾监测系统。

（9）风机机舱、塔筒内每个平台处均应摆放合格的消防器材。见图 8-93。

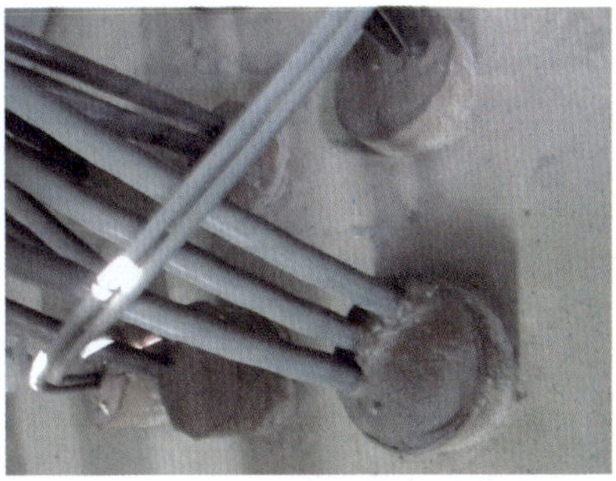

图 8-92

图 8-93

（10）风机机舱的末端应装设提升机，配备缓降器、安全绳和安全带，且定期检验合格，保证人员逃逸或施救的安全。

（11）风机塔筒的醒目部位必须悬挂以下安全警示牌，保证齐全规范。见图 8-94。

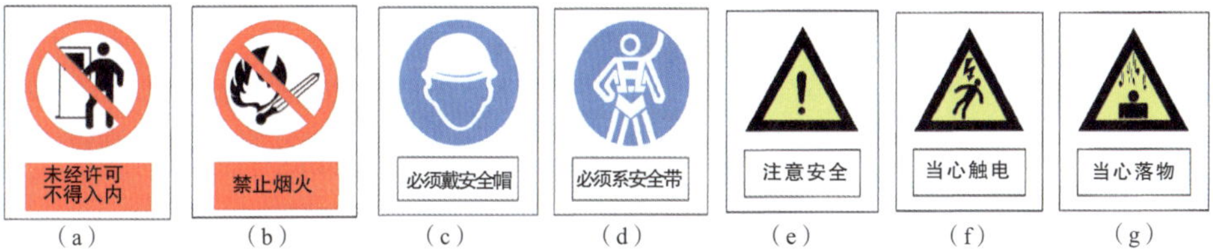

图 8-94

（12）风机塔筒内的动火现场安全要求：

1）清除动火区域内可燃物，不能清除时应用阻燃物隔离。

2）氧气瓶、乙炔气瓶应摆放、固定在塔筒外，气瓶间距不得小于 5m，不得曝晒。见图 8-95。

图 8-95

3）电焊机电源应取自塔筒外，不得将电焊机放在塔筒内。

4）塔筒内应保持良好通风和充足照明。

5）动火现场应备有灭火器材。

二、安全作业行为

（1）进入风机机舱、塔筒内，严禁携带火种，严禁吸烟。

（2）风机机舱、塔筒内不得存放易燃易爆物品。见图 8-96。

图 8-96

（3）风机机舱、塔筒内的加热（取暖）设备周边不得有可燃物。

（4）风机机舱、塔筒内的照明灯具应距可燃物保持一定距离。

（5）风机机舱、塔筒内清洗、擦拭设备时，必须使用非易燃清洗剂。严禁使用汽油、酒精等易燃物品。

（6）电缆敷设后，必须及时封堵电缆孔洞。

（7）电（气）焊动火执行人必须持有焊工证，并穿戴好个人防护用品。

（8）风机机舱、塔筒内应尽量避免动火作业。必须动火时应做好防火隔离安全措施，动火结束后清理火种。见图 8-97。

图 8-97

（9）严禁在机舱内油管道上进行焊接作业。

第九章 中毒与窒息防控

第一节　概　　述

中毒是指人体过量或大量接触化学毒物，造成伤害。窒息是指因氧气不足、人体缺氧，造成伤害。发电企业有可能中毒、窒息的主要场所有密闭容器内作业、沟道（池）内作业、煤灰斗（仓）作业、危险化学品场所作业、刷（喷）漆作业等。存在的主要安全风险有：

（1）在受限空间内长时间作业时，因通风不良，缺氧窒息。见图 9-1。

图 9-1

（2）容器内的有害气体置换、吹扫不彻底，残留气体使人中毒。见图 9-2。

图 9-2

（3）在容器内作业，因与其连接管道的阀门关闭不严，有害气体串入中毒。见图 9-3。

图 9-3

（4）在电缆沟、烟道内、管道内长时间作业时，因通风不良、空间温度升高，缺氧窒息。见图 9-4。

图 9-4

（5）中水前池附近因空气流动慢，易积聚氯等有害气体，人员吸入中毒。见图 9-5。

图 9-5

（6）排污管道、化粪池、地沟内易产生硫化氢、沼气等，人员吸入中毒。见图 9-6。

图 9-6

（7）长时间未打开的各类井坑等，产生、集聚有害气体，人员吸入中毒。见图 9-7。

图 9-7

（8）原煤（粉）仓内有可能会产生一氧化碳气体，人员吸入中毒。见图 9-8。

图 9-8

（9）脱硫塔内有可能会产生二氧化硫等有害气体，人员吸入中毒。见图 9-9。

图 9–9

（10）当液氨等危险化学品泄漏时，人员吸入毒气中毒。 见图 9-10。

图 9–10

（11）危化品储存间、化学试验室长时间积存有害气体，因通风不良，人员吸入中毒。 见图 9-11。

图 9–11

（12）化学试验人员因操作和防护不当，吸入有害气体，造成中毒、窒息。见图 9-12。

图 9-12

（13）在室内涂刷油漆（涂料）时，因通风不良，人员长期吸入有害气体，造成中毒、窒息。见图 9-13。

图 9-13

（14）当发生火灾时，现场人员防护不当或救火人员未佩戴空气呼吸器进入现场，吸入大量烟气窒息。见图 9-14。

图 9-14

第二节 个人能力与防护

一、个人能力要求

在有可能中毒、窒息场所的作业人员必须掌握作业区域内有毒气体及空气质量情况，学会防护、自救和急救常识。

二、个体防护要求

发电企业常用的个体防护用品有防尘口罩、防毒面罩（具）、正压式呼吸器、重型防护服。必须选用具有国家《劳动防护用品安全生产许可证书》资质单位的产品，并有“生产许可证”、“产品合格证”。

（1）使用防尘口罩时，应检查口罩外观完好，过滤器里面的填充过滤材料有效。见图 9-15。

图 9-15

（2）使用防毒面罩（具）时，应检查面罩外观完好，过滤器里面的填充活性炭或其他过滤材料有效。在容器或水内作业时，禁止使用过滤式防毒面罩(具)。见图 9-16。

图 9-16

（3）重型防化服。

防化服由耐腐蚀材料制作，可防毒气、化学腐蚀品侵袭，常用于发电厂液氨泄漏处理等工作。防化服放置六个月（半年）必须目视检查，每年进行一次气密性检查。其安全使用要求是：

1）防化服不得与火焰及熔化物直接接触。

2）使用前检查防化服外观，确认完好无损后，按以下步骤穿着防化服：

①首先佩戴空气呼吸器，打开呼吸器阀门；

②调节呼吸器肩带，戴上面具，再戴调节器，气体进入口向下倾斜45°；

③检查面具的密封性及气瓶的压力；

④穿上靴子和防化服，将拉链拉至腰间，拉链两边要平行，戴上袖子；

⑤戴上头盔，拉上拉链，戴上手套。

3）使用时，必须注意头罩与面具（罩）紧密配合，颈扣带、胸部扣扣紧，保证颈部、胸部气密。腰带必须收紧，以减少运动时的“风箱效应”。

（4）正压式呼吸器的相关内容详见第八章第二节。

三、着装要求（见图 9–17）

（1）进入粉尘较大的场所作业时，作业人员必须佩戴防尘口罩。

（2）进入有害气体的场所作业时，作业人员必须佩戴防毒面罩。

（3）进入酸气较大的场所作业时，作业人员必须佩戴套头式防毒面具。

（4）进入液氨泄漏的场所作业时，作业人员必须穿好重型防化服。

（a）　（b）　（c）

图 9–17

第三节　密闭容器内中毒防控

发电企业常见的密闭容器有汽包，加热器，除氧器，凝结器，各类罐、槽、箱、管道等。

一、安全作业现场

（1）必须排尽密闭容器内汽水，对盛装有害气体的应置换和吹扫。

（2）密闭容器与其他管道的连接处应加堵板，可靠隔离。见图 9-18。

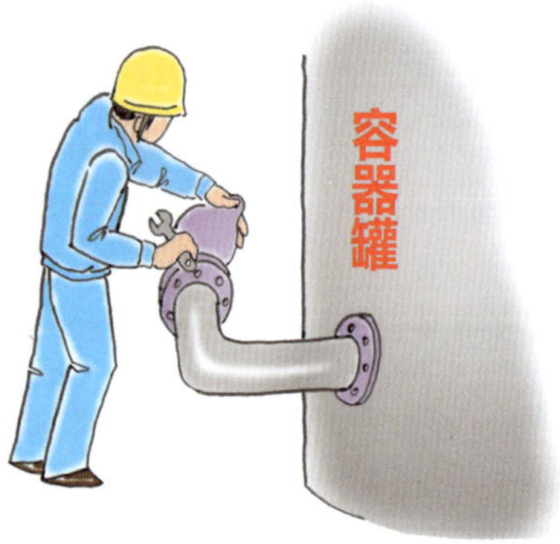

图 9-18

（3）打开密闭容器人孔门，保持良好通风，必要时强制通风。见图 9-19。

图 9-19

（4）检测容器内的有害气体含量不超标。

（5）密闭容器内的环境温度不得超过 40℃。

（6）密闭容器内的逃生通道必须畅通。见图 9-20。

图 9-20

（7）凝汽器循环水进水口应加装堵板。

（8）密闭容器内的照明电压小于等于 24V，在潮湿金属容器内的照明电压为 12V，且保证照明充足。

（9）密闭容器外悬挂“在此工作”提示牌。见图 9-21。

图 9-21

二、安全作业行为

（1）容器外必须设专人监护，且与容器内的人员定时喊话联系。见图 9-22。

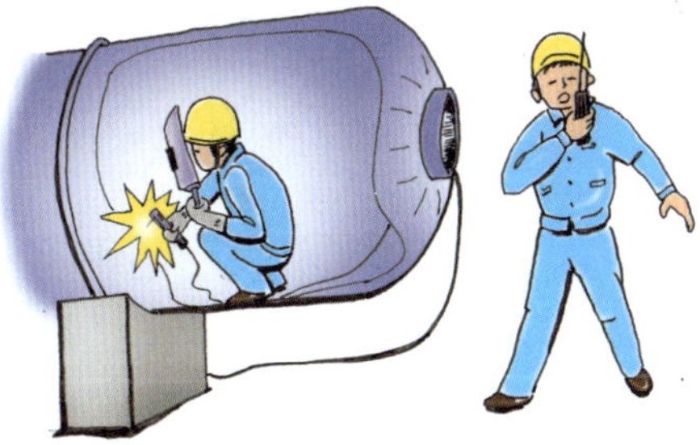

图 9-22

（2）容器内有人作业时，应保持良好通风，严禁向容器内输送氧气。见图 9-23。

图 9-23

（3）进入容器内作业时，必须做好逃生措施。严禁用卷扬机、吊车等运送人员进出容器内。见图 9-24。

图 9-24

（4）在密闭容器内作业时间较长时，必须采取定时轮换作业方法。

（5）当容器内的人员感到身体不适时，必须立即撤离现场。见图 9-25。

图 9-25

（6）当容器内有人中毒、窒息时，施救人员必须佩戴防毒面具或正压式空气呼吸器后，方准进入容器内。见图 9-26。

图 9-26

（7）在关闭容器的人孔门前，必须清点人数，并喊话确认无人。见图 9-27。

图 9-27

第四节　沟道（池）内中毒防控

发电企业的主要沟道（池）场所有电缆沟、烟道、中水前池、污水池、化粪池、截门井、排污管道、地沟（坑）、地下室等。在沟道（池）内作业时，由于地下的污物、杂物容易发酵，聚集大量有害气体（如一氧化碳、硫化氢、二氧化硫、沼气等），人员吸入中毒、窒息。

一、安全作业现场

（1）打开沟道（池、井）的盖板或人孔门，保持良好通风。

（2）检测沟道（池、井）内的有害气体含量不超标。

（3）地下维护室至少打开 2 个人孔，每个人孔上放置通风筒或导风板，一个正对来风方向；另一个正对去风方向，确保通风畅通。

（4）当沟道（池、井）内通风不畅时，可装设鼓风机强制通风。严禁通入氧气。见图 9-28。

图 9-28

（5）沟道（池、井）出入口处应装设脚蹬（间距 30 ～40cm）或固定铁梯，并保持通道畅通。见图 9-29。

（a）　　（b）

图 9-29

（6）沟道（池、井）内的作业场所照明充足，照明电压小于等于 24V。

（7）地下沟道内的温度不得超过 50℃。

（8）沟道（池、井）外悬挂“在此工作”提示牌。见图 9-30。

图 9-30

二、安全作业行为

（1）进入容器、槽箱、水池内时，作业人员应佩戴正压式呼吸器。严禁佩戴过滤式防毒面具。

（2）在地下维护室内对设备进行操作、巡视、维护或检修时，不得少于 2 人。

（3）沟道（池、井）外必须设专人监护，且与沟道（池、井）内的人员定时喊话联系。见图 9-31。

图 9-31

（4）进入沟道（池、井）30min 前，必须检测有害气体浓度。氧气浓度应保持在 19.5% ～21% 范围内。

（5）在沟道（池、井）内长时间作业时，应每隔 2h 检测一次有害气体浓度，作业中断超过 30min 应重新检测。

（6）严禁采用明火的方法检测气体浓度。见图 9-32。

图 9-32

（7）沟道（池、井）内有人作业时，必须保持良好通风。严禁关闭人孔门或盖板。见图 9-33。

图 9-33

（8）井下或池内的作业人员必须系好安全带，安全绳的一端必须握在监护人手中。见图 9-34。

图 9-34

（9）当沟道（池、井）内的人员感到身体不适时，必须立即撤离现场。见图 9-35。

图 9-35

（10）地下维护室、沟道或井下的温度超过 50℃时，不得进入作业。

（11）在地下连续长时间作业时，必须采取定时轮换作业方法。

（12）当沟道（池、井）内有人中毒、窒息时，施救人员必须佩戴好防毒面具，方准进入。见图 9-36。

图 9-36

（13）在关闭沟道（池、井）的人孔门或盖板前，必须清点人数，并喊话确认无人。见图 9-37。

图 9-37

第五节　煤灰斗（仓）内中毒防控

发电企业的主要煤灰斗（仓）有灰斗、灰罐（仓）、脱硫塔、原煤仓、煤粉仓等。在煤灰斗（仓）内作业时，由于空气不易流动，原煤仓、煤粉仓内聚集有一氧化碳，脱硫塔内聚集酸（碱）有害气体等，人员吸入中毒、窒息。

一、安全作业现场

（1）清空煤灰斗（仓）。

（2）关闭煤灰斗（仓）的所有闸门，并上锁。

（3）打开煤灰斗（仓）盖板，保持良好通风。必要时强制通风。

（4）检测煤灰斗（仓）内的有害气体浓度或用小动物做试验。见图 9-38。

图 9-38

（5）煤灰斗（仓）内应架设梯子，且有逃生通道。见图 9-39。

图 9-39

（6）煤灰斗（仓）内的温度不得超过 50℃。

（7）煤灰斗（仓）内照明充足，照明电压为 12V。

（8）煤灰斗（仓）外悬挂“在此工作”提示牌。

二、安全作业行为

（1）进入煤灰斗（仓）的人员应戴防毒面罩、防护眼镜、手套，袖口、裤脚应用带子扎紧或穿专用防尘服。

（2）进入煤灰斗（仓）30min 前，必须检测有害气体的浓度。

（3）煤灰斗（仓）外必须设 2 名专职监护人，并保证通信畅通。

（4）煤灰斗（仓）内的人员必须系好安全带，安全绳的一端必须握在监护人手中。见图 9-40。

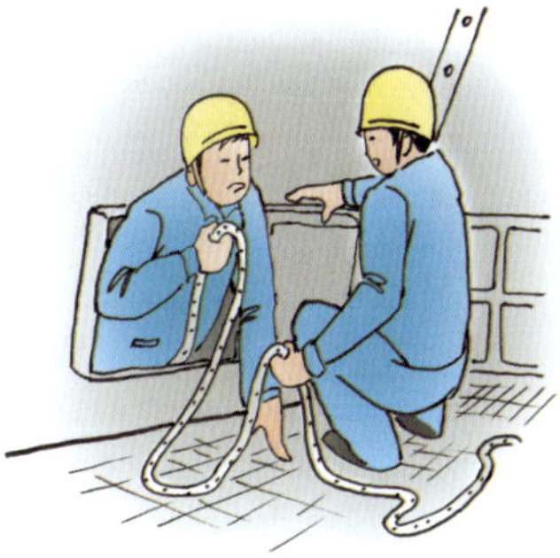

图 9-40

（5）在煤灰斗（仓）内长时间作业时，应每隔 2h 检测一次有害气体浓度。作业中断超过 30min 应重新检测。见图 9-41。

图 9-41

（6）当煤灰斗（仓）内的人员感到身体不适时，必须立即撤离现场。

（7）严禁进入有煤（灰）的煤斗（仓）内捅煤（灰）作业。

（8）储煤筒仓堵塞时，应用压缩空气等破拱，不得进入储煤筒仓内戳煤。

（9）进入烟气系统（包括原烟气烟道，净烟气烟道、脱硫塔、烟气换热器、增压风机等）前，必须先通风换气，合格后方可作业。

（10）在锅炉的燃烧室、烟道内作业时，不得漏进烟、热风、煤粉等介质。

（11）进出烟道应使用梯子（绳梯），烟道内有人时严禁使用吸风机通风。

（12）清扫烟道时，人应站在上风位置，不得站在下风烟道内。

（13）灰库内有积灰时，严禁进入作业。

（14）煤（粉）斗内有燃着或冒烟的煤时，严禁入内。

（15）发现煤灰斗（仓）内有人中毒、窒息后，施救人员必须佩戴防毒面具，方可进行施救。见图 9-42。

图 9-42

（16）在煤灰斗（仓）内作业时，应采用轮流工作与休息，检修结束应清点人数。

第六节　危险化学品中毒防控

危险化学品是指具有毒害、腐蚀、爆炸、燃烧、助燃等性质，对人体、设施、环境具有危害的剧毒化学品和其他化学品。发电企业常见的有可能中毒、窒息的危险化学品有六氟化硫、液氯、液氨、联氨、氨水、硫酸、盐酸及剧毒化学药品等。

一、安全作业现场

（1）危险化学品应在具有“危险化学品经营许可证”的商店购买。不得购买无厂家标志、无生产日期、无安全技术说明书和安全标签的“三无”危险化学品。

（2）危险化学品专用仓库必须装设机械通风装置、冲洗水源及排水设施。

（3）危险化学品必须专人管理，建立健全档案、台账，并有出入库登记。

（4）有毒、致癌、有挥发性等药品必须储放在隔离房间和保险柜内，保险柜应双锁、双人、双账管理，装设电子监控设备，并挂“当心中毒”警示牌。见图 9-43。

图 9-43

（5）化学试验室必须装设通风柜和机械通风设备。见图 9-44。

图 9-44

（6）化学酸库应装设酸雾吸收装置。

（7）盛装药品的瓶子上应贴有标签，分类摆放。严禁使用没有标签的药品。

（8）易起反应的化学药品储放在相邻地方时，必须采取可靠的物理隔离。

（9）化验室应有自来水、通风设备、消防器材，急救药箱、酸（碱）伤害急救中和用药、毛巾、肥皂等物品。见图 9-45。

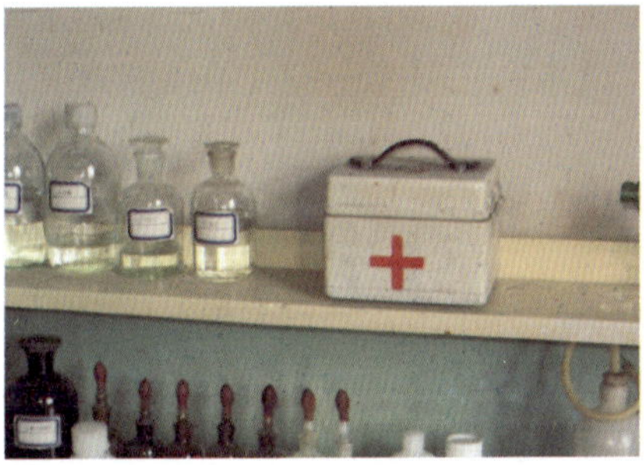

图 9-45

（10）氯气室（屋）顶应装设喷淋设施，水阀门应装在室外，并有排气风扇。氯气瓶应涂有暗绿色“液氯”字样标志。严禁氯气瓶或加氯机靠近采暖设施。见图 9-46。

图 9-46

（11）氨区必须配备风向标、氨气泄露报警仪。氨水、联氨储罐及管道应有“剧毒危险、易燃易爆危险”标志。见图 9-47。

（a）

（b）

图 9-47

（12）电解制氯间内应挂有“严禁烟火”、“当心中毒”、“当心腐蚀”警示牌。

（13）六氟化硫电气设备室必须装设机械排风装置，其排气口距地面高度应小于 0.30m，并装有六氟化硫泄漏报警仪，且电缆沟道必须与其他沟道可靠隔离。

（14）水银仪表修理场所的安全要求：

1）水银仪表修理场所应设在同一楼房内的底层，且与其他房间可靠隔离。

2）室内应装设机械通风装置。

3）室内墙壁应涂刷油漆，油漆的高度应占墙壁高度的 2/3。

4）室内地面应平滑、严密无缝（如水磨石地面），地面应略向一边倾斜，排水沟应有单独积水井。

5）室内修理台应光滑无缝，四周边缘应高起，台面有一角应较低，以便水银流入到台下的容器内。

6）定期测量室内含汞量。

（15）作业现场应放置一个含有毒有害废弃擦拭材料的专用收集铁箱。

二、安全作业行为

（1）化验人员必须穿专用工作服，戴防护口罩、防护眼镜、防酸（碱）手套。必要时穿橡胶围裙和橡胶靴。

（2）剧毒化学药品必须报当地安监部门和公安机关备案。

（3）配制有毒性、致癌或有挥发性等药品时，室内应在通风橱内进行，室外应站在上风口进行。见图 9-48。

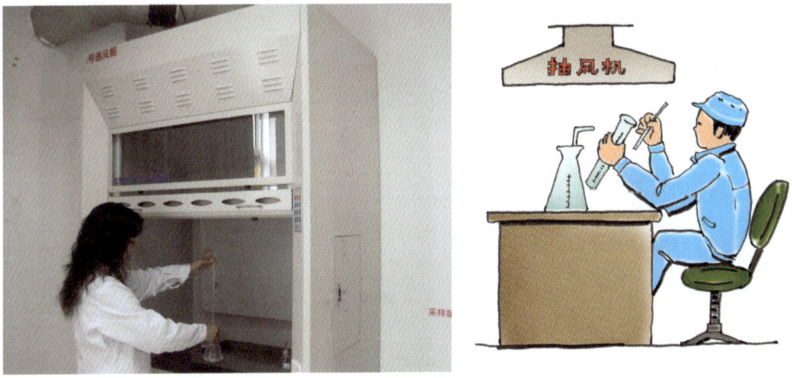

（a）　（b）

图 9-48

（4）露天装卸化学药品（溶液）或从事其他作业时，人应站在上风口作业。见图 9-49。

图 9-49

（5）严禁用口尝和正对瓶口用鼻嗅的方法鉴别药品。

（6）化学试验时，应用滴管或移液管吸取液体，严禁用口含玻璃管的方法吸取。

（7）室内作业时，应每隔 1 ～ 2h 到室外换气。若感到头痛、恶心、胸闷、心悸等不适症状，应立即停止作业，并到室外换气。

（8）严禁将化学药品放在饮食器具内。

（9）严禁将食品和食具放在化验室内。

（10）化学试验时，严禁一边作业一边饮水（食）。

（11）严禁用消防水、生产用水冲洗盛过危险化学品的车辆。

（12）进入尿素溶解罐前，必须将罐内浆液全部排空，充分通风，并测试罐内氨气残存量。

（13）含联氨的蒸汽不得作生活用汽。

（14）液氨卸料时，驾驶员必须离开驾驶室。但押运员、罐区卸车人员不得离岗。

（15）液氨卸料时，应排尽管内残余气体，严禁用空气压料和用有可能引起罐体内温度迅速升高的方法进行卸料。

（16）液氨罐车可用不高于45℃温水加热升温或用不大于设计压力的干燥惰性气体压送。

（17）氨气泄漏时，作业人员必须戴好防毒面具、胶皮手套后，方准进入现场。

（18）雷雨天气，严禁装卸液氨作业。

（19）严禁将氯瓶曝晒和用明火烤，严禁用沸水浇氯瓶安全阀。

（20）氯气漏出时，作业人员应戴上防毒面具，关闭门窗，开启室内淋水阀门，将氯瓶放入碱水池中，然后用排气风扇抽出余氯。

（21）氢罐、油罐、酸（碱）罐清扫检修前，先检测有害气体浓度，合格后方准作业。

（22）对撒落的磷酸酯抗燃油应用锯末或棉纱汲取收集，采取高温焚烧处理。

（23）磷酸酯抗燃油着火时，灭火人员必须佩戴防毒面具，应用二氧化碳及干粉灭火器灭火，不得用水灭火。

（24）水银仪表工作人员应戴乳胶手套（外科手术用的），不得用手直接接触水银，不得用嘴含工具吸水银，不得在水银仪表工作的房屋内饮食。

（25）往仪器内部灌注水银时，盛水银的容器内必须浮盖一层清水。从仪表往外放水银时，应放入盛有清水的容器内。

（26）水银工作用过的废棉纱、抹布以及清除的垃圾、报废的水银灯、水银器件等不得随意抛弃，应集中保管，妥善处理，防止水银扩散。

（27）六氟化硫电气设备发生故障造成气体外逸时，周边人员应立即撤离现场。见图9-50。

（28）用过的擦拭材料（抹布和棉纱头等）应放在废棉纱的专用铁箱内，并及时清除。

图 9-50

第七节　刷（喷）漆中毒防控

刷（喷）漆作业包括粉刷油漆（涂料）及防腐涂料。其中，油漆（涂料）是由颜料、溶剂、树脂、异氰酸酯固化剂等配制而成的化工产品；防腐涂料是由成膜物质（油脂、树脂）与填料、颜料、增韧剂、有机剂等按一定的比例配制而成。其对人体健康的危害很大，长时间从事油漆（涂料）的作业人员会导致人体乏力、胸闷、呕吐、头晕等症状。发电企业常见的防腐作业场所有脱硫塔、化学酸碱池、凝结器、架构防腐等。

一、安全作业现场

（1）室外刷（喷）漆作业前，必须保证现场周边开阔、空气流动。

（2）室内刷（喷）漆作业前，必须打开全部窗户，开启机械通风装置。

（3）在受限空间内刷（喷）漆前，必须保证现场空气流动，必要时可用风机通风。

（4）刷（喷）漆作业现场不得超量存放易燃物品。见图 9-51。

图 9-51

二、安全作业行为

（1）刷（喷）漆作业人员必须戴口罩，必要时戴防毒面具。

（2）刷（喷）漆作业时间较长时，应采取定时轮换作业方法。

（3）在受限空间内刷（喷）漆时，必须设监护人。见图 9-52。

图 9-52

（4）刷（喷）漆中作业人员感到身体不适时，必须立即撤离现场。

（5）刷（喷）漆作业现场严禁明火，并备好灭火器材。

（6）严禁用氧气作为喷枪气源。见图 9-53。

（7）严禁在热体上直接刷（喷）漆作业。见图 9-54。

图 9-53

图 9-54

第十章 坍塌防控

第一节 概　　述

坍塌是指物体在外力和重力作用下，超过自身极限强度，结构稳定失衡塌落。发电企业可能发生坍塌的主要场所有土方坍塌、脚手架坍塌、堆置物坍塌等。存在的主要安全风险有：

（1）开挖土方中，未及时放坡或未支护坍塌。见图 10-1。

图 10-1

（2）机械设备或堆积物压在沟（槽）临边处，沟（槽）受压坍塌。见图 10-2。

图 10-2

（3）违章掏挖造成坍塌。见图 10-3。

图 10-3

（4）脚手架材质不合格、结构不合理、搭设不规范或超载使用等，造成坍塌。见图 10-4。

图 10-4

（5）工件、物料等堆置物码放过高，失稳坍塌。见图 10-5。

图 10-5

（6）煤堆整形坡度过陡（大于 60°），坍塌伤人。见图 10-6。

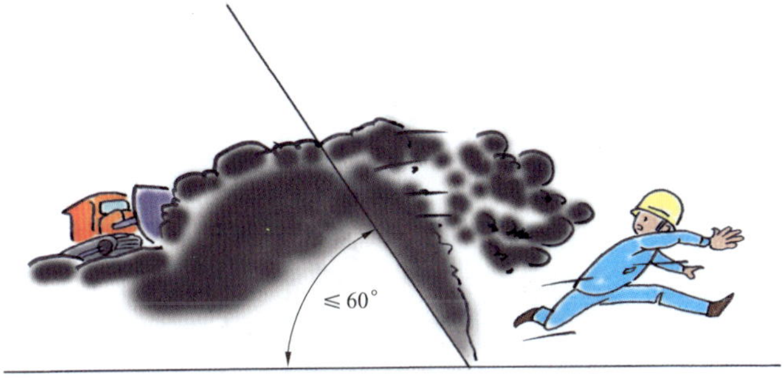

图 10-6

（7）建（构）筑物墙体、平台等结构不牢固、坍塌。见图 10-7。

图 10-7

（8）雨季和化冻期间，土壤滑动或冻土融化造成坍塌。见图 10-8。

图 10-8

（9）风力发电机塔基坐落的山体滑坡或位移，风机倒塌。见图 10-9。

图 10-9

（10）水电站库区的山体坍塌。见图 10-10。

图 10-10

第二节　土 方 坍 塌 防 控

土方工程包括土方作业、基坑支护等。其中，土方作业是指人工或用机械设备开挖基坑（槽）及回填土方的过程。基坑支护是指为保证地下结构施工及基坑周边环境的安全，对基坑侧壁及周边环境采用的支撑、加固与保护措施。

一、安全作业现场

（1）开挖作业应降（排）水，以防地表（下）水、施工用水和生活废水侵入或冲刷边坡。见图 10-11。

（a）　　（b）

图 10-11

（2）基坑（槽）周边应做挡水堰和排水沟，防止地面水流入坑沟内。见图 10-12。

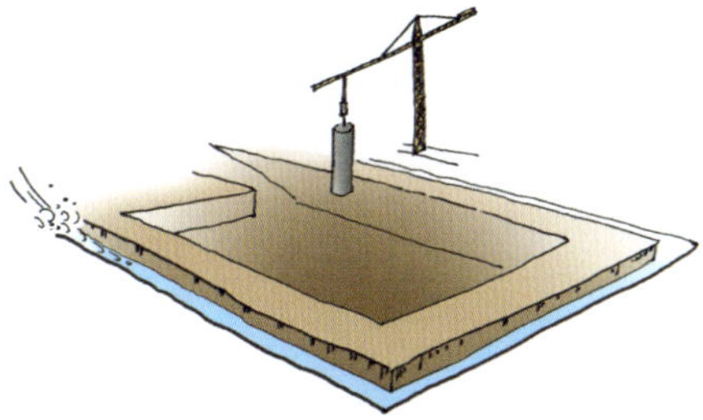

图 10-12

（3）基坑必须设置人行通道（坡道）或铺设带防滑条的跳板。对于窄狭坑道应设置爬梯，梯阶距离不应大于 40cm。见图 10-13。

图 10-13

（4）人行通道的土堤应有稳定的边坡或加支撑，顶宽应大于 700mm。

（5）沟深度超过 1.5m 时，必须根据土质和深度放坡或加可靠支撑。

1）基坑深度不足 2m 时，原则上不再进行支护，但要按要求放坡。

2）无地下水或地下水低于基坑（槽）地面且土质均匀时，土壁不加支撑的垂直挖深不宜超过表 10-1 规定。

表 10-1　　基坑（槽）土壁垂直挖深规定

序号	土的类别	深度（m）
1	密实、中密的砂土和碎石类土（充填物为砂土）	1.00
2	硬塑、可塑的粉质及粉土	1.25
3	硬塑、可塑的黏土和碎石类土（充填物为黏性土）	1.50
4	坚硬的黏土	2.00

3）基坑深度超过 2m，且小于 5m，在坑壁土质为粉质黏土、粉土，湿度为稍湿状态下，周围没有其他载荷时，基坑开挖放坡可按照表 10-2 确定。见图 10-14。

表 10-2　　临时性挖方边坡值（GB 50202—2002）

序号	土的类别		边坡值（高度：宽度）
1	砂土（不包括细砂、粉砂）		1 : 1.25 ～ 1 : 1.50
2	一般性黏土	硬	1 : 0.75 ～ 1 : 1.00
		硬、塑	1 : 1.00 ～ 1 : 1.25
		软	1 : 1.50 或更缓
3	碎石类土	充填坚硬、硬塑黏性土	1 : 0.50 ～ 1 : 1.00
		充填砂土	1 : 1.00 ～ 1 : 1.50

图 10-14

（6）装设支撑的深度，应根据土壤的性质和湿度决定。当挖掘的深度不大于

1.5m 时，可将两壁挖成小于自然坍落角的边坡，而不设支撑。

（7）基坑深度超过 5m，且不具备放坡条件时，应进行施工支护专项防护。见图 10-15。

图 10-15

（8）土质较差且施工工期较长的基坑，边坡应采用钢丝网、水泥或其他材料护坡。见图 10-16。

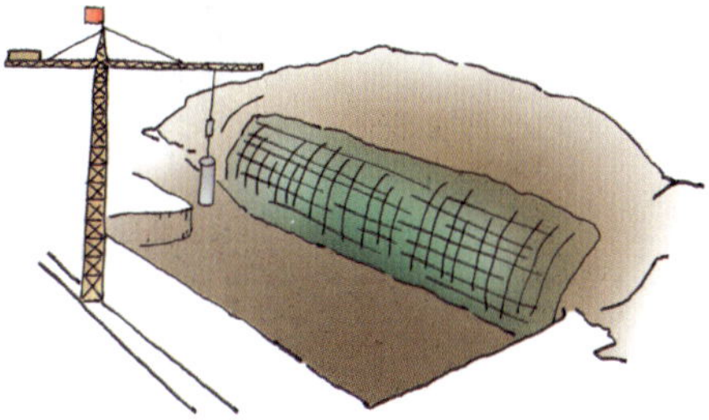

图 10-16

（9）在基坑、井坑、地槽边缘堆置土方或其他材料时，其土方底角（或其他材料）与坑边距离应不少于 0.8m，堆置物高度不应超过 1.5m。见图 10-17。

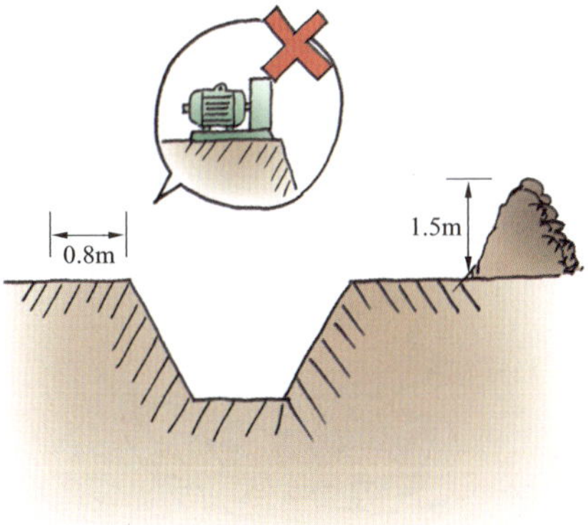

图 10-17

（10）基（井）坑周边应装设带有中杆的防护栏杆，栏高为 1.2m，栏杆距坑边应保持 1m，悬挂安全警示牌，夜间设红灯示警。见图 10-18。

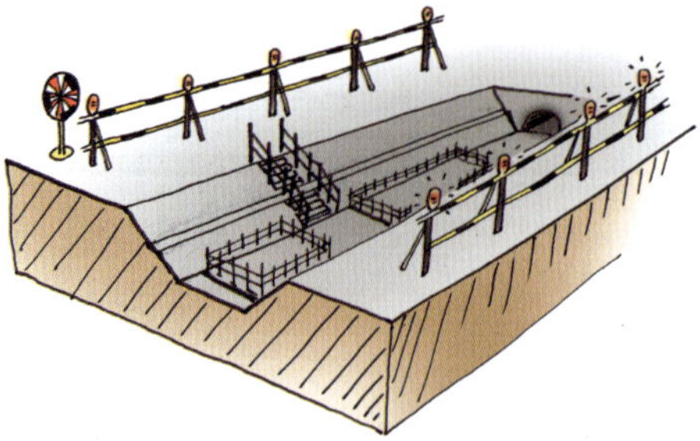

图 10-18

（11）在有地下设施（如电缆、管道及埋设物等）的地方动土作业时，必须先查明地下设施的正确位置，制定施工方案后，方可动土。见图 10-19。

图 10-19

二、安全作业行为

（1）开挖没有边坡的沟、井，必须根据挖掘的深度，先打桩后设支撑再开挖。

（2）挖掘石方前，应先清除斜坡上的浮石或大石头，以防坍塌。

（3）挖掘石方应自上而下施工，严禁掏挖。见图 10-20。

图 10-20

（4）严禁在坑壁上掏坑攀登基坑。见图 10-21。

图 10-21

（5）严禁在水平支撑或撑杆上攀登基坑。

（6）严禁雨天开挖作业。见图 10-22。

图 10-22

（7）修理边坡应按自上而下顺序施工。见图 10-23。

图 10-23

（8）严禁在基坑（沟、井）周边堆放重物。见图 10-24。

图 10-24

（9）发现土壤有可能坍塌或滑动裂缝时，应立即撤离现场。待坍塌险情排除后恢复作业。见图 10-25。

图 10-25

（10）拆除支柱、木板的顺序应从下而上。一般土壤，同一时间拆下的木板不应超过 3 块；松散和不稳定的土壤，一次不应超过 1 块。更换横支撑时，必须先安上新的，然后拆下旧的。

第三节 脚手架坍塌防控

脚手架坍塌是指因材质不合格、结构不合理、搭设不规范或超载使用等造成的倾倒。

一、安全作业现场

脚手架材质、主体结构、搭设及验收要求等内容，详见第二章第三节。

二、安全作业行为

（1）脚手架必须由专人指挥，由具有资质的专业人员搭拆。

（2）搭拆脚手架周边应设置警戒区域，设专人监护。见图 10-26。

图 10-26

（3）搭设好的脚手架，未经验收不得擅自使用。见图 10-27。

图 10-27

（4）每天使用脚手架前，必须对脚手架进行整体检查。严禁使用有缺陷脚手架。

（5）脚手架体高度超过 25m 时，不得使用木、竹质脚手架。见图 10-28。

图 10-28

（6）严禁将脚手架（板）搭靠（固定）在任何不牢固的结构上。

（7）严禁在各种管道、阀门、电缆架、仪表箱、开关箱及栏杆上搭设脚手架。见图 10-29。

图 10-29

（8）严禁用木桶、木箱、砖及其他建筑材料搭临时铺板来代替正规脚手架。见图 10-30。

图 10-30

（9）移动式脚手架与建筑物连接牢固后，方可使用。

（10）严禁使用弯曲、压扁、有裂缝及严重锈蚀的钢管。

（11）脚手架主体结构必须选用同种材料，不得木杆、竹竿、钢管等混搭。见图 10-31。

图 10-31

（12）外墙脚手架搭设中，架体与建（构）筑物必须固定牢固。见图 10-32。

图 10-32

（13）在较松软土层上搭设脚手架时，立杆下必须垫不小于 0.1m^2 的脚手板。见图 10-33。

图 10-33

（14）脚手架验收合格后，不得擅自变动脚手架体的结构。

（15）使用脚手架前，必须核对承载能力。严禁超载使用。见图 10-34。

（a）

（b）

图 10-34

（16）严禁在脚手架上起重作业。

（17）用起重装置起吊重物时，不得将起重装置和脚手架的结构相连。见图 10-35。

图 10-35

（18）严禁在脚手架周边开挖土方。见图 10-36。

图 10-36

（19）拆除脚手架应自上而下逐层进行，严禁上下同时拆除。见图 10-37。

图 10-37

（20）脚手架分段、分立面拆除时，必须先对不拆除脚手架的两端加固后，再进行拆除。

（21）脚手架连墙件必须随架体逐层拆除，严禁先将连墙件多层整体拆除后再拆除脚手架。

（22）严禁采取推倒脚手架方法进行拆除。

（23）遇大风、雨、雪等天气时，严禁搭拆脚手架。

第四节 堆置物坍塌防控

堆置物坍塌是指工件、物料等码放或堆放过高，失稳坍塌。

一、安全作业现场

（1）一般堆置物应堆放整齐，高度不超过 1.5m。见图 10-38。

图 10-38

（2）滚动物件必须加设垫块或捆绑牢固。见图 10-39。

图 10-39

（3）严禁在建（构）筑物临边 1.5m 范围内堆码工件、物料等。见图 10-40。

图 10-40

（4）材料堆码高度：木枋不超过 1.0m，模板码放不超过 1.0m，砖不超过 12 层成垛码放，钢筋半成品码放不超过 1.0m，必要时底部应用垫木支垫稳固。见图 10-41。

图 10-41

（5）货架上摆放物料时，大或重的物料应摆放在下面，小或轻的物料摆放在上面。见图 10-42。

（a）

（b）

图 10-42

（6）仓库内应设架子，使气瓶垂直立放，空气瓶可以平放堆叠，但每一层应垫有木制或金属制的型板，堆叠高度不准超过 1.5m。

（7）对零散物料应放入箱内摆放。见图 10-43。

图 10-43

（8）对圆形物料（钢管、木棒等）应摆放在支架上面，且分类摆放。见图 10-44。

图 10-44

（9）对较大的不规则物料应摆放在地面上，严禁摆放在货架上。

二、安全作业行为

（1）人员不得在堆置物上站立或穿行。见图 10-45。

图 10-45

（2）人员不得在堆置物旁边工作或休息。见图 10-46。

图 10-46

（3）堆放物料中，发现堆置物不稳时，不得继续向上堆放。见图 10-47。

图 10-47

（4）取堆置物料时，应自上而下顺序进行，不得从中间抽取物料。见图 10-48。

图 10-48

（5）堆放物料前，必须确认堆放物处的基础下方无沟道、孔洞等。见图 10-49。

图 10-49

（6）堆放较高立放物件时，必须做好防倾倒措施。

（7）其他物料不得倚靠堆置物。见图 10-50。

图 10-50

（8）推煤机上下煤堆及在煤堆上作业时，应注意坡度和煤堆有无发生坍塌的可能，以防推煤机翻倒。在煤堆上作业时，推煤机距煤堆边缘要保持一定距离。见图 10-51。

图 10-51

（9）煤场存煤自燃时，严禁站在煤堆正上方灭火，防止坍塌。见图 10-52。

图 10-52

（10）严禁人员进入有煤的煤斗内捅煤作业。

（11）严禁人员和车辆从上部或下部靠近煤堆的陡坡。

第十一章 淹溺防控

第一节 概　述

淹溺是指人淹没于水中，造成人员窒息伤害。发电企业有可能发生淹溺的主要场所有冷却水塔、火电厂湿式灰场、水电站水坝、各类水池（循环水前池、工业废水池、雨水前池等）、循环水排水渠、排水井、码头等。存在的主要安全风险有：

（1）水上作业人员、潜水作业人员未经专业技能培训，上岗作业。

（2）使用不合格的救生衣、潜水服。

（3）水塔巡检或填料、打捞漂浮物、拆装挡风板、打冰、人工取样或加药等作业，人员跌落被淹。见图 11-1。

图 11-1

（4）冷却水塔内违章游泳，人员被淹。见图 11-2。

图 11-2

（5）火电厂湿式灰场、水电站水坝周边或危险区域内作业时，防护不当落水。见图 11-3。

图 11-3

（6）循环水前池、雨水前池盖板未盖或损坏，踏空掉入池内。见图 11-4。

图 11-4

（7）循环水阀门井、管道内作业时，水位突然上升，人员逃生不及被淹。见图 11-5。

图 11-5

（8）人员违章坐靠水池、码头临水侧的防护栏杆，失稳落水。见图 11-6。

图 11-6

（9）打捞水上漂浮物，人员失稳落水。见图 11-7。

图 11-7

（10）水池或码头临水侧临边作业时，人员失稳落水（海）。见图 11-8。

图 11-8

（11）水池内有人作业时，误开进水阀门（闸板），人员逃生不及被淹。见图 11-9。

图 11-9

（12）人员站在码头边缘处接、解缆绳时，失稳坠海。见图 11-10。

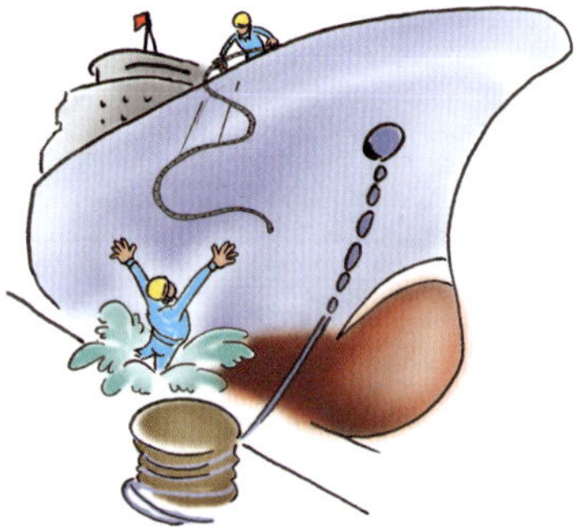

图 11-10

（13）上下船的跳板宽度不够、跳板或楼梯未安装栏杆和安全防护网，人员失稳坠海。见图 11-11。

图 11-11

（14）台风或短时强风将人吹入海内。见图 11-12。

图 11-12

（15）施救人员的救护方法或防护措施不当被淹。见图 11-13。

图 11-13

（16）水电站开机发电放水时，下游人员滞留被淹。见图 11-14。

图 11-14

第二节　个人能力与防护

一、个人能力要求

（1）卸船机操作人员必须经专业技能培训，取得《特种设备作业人员证》。见图 11-15。

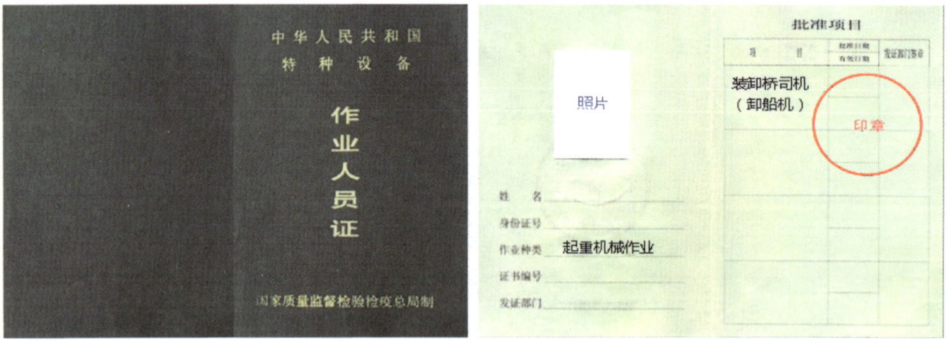

图 11-15

（2）码头作业人员必须经专业技能及安全防护培训。

（3）水上作业人员必须经专业技能培训，掌握水上防护、自救常识。见图 11-16。

图 11-16

（4）潜水作业人员必须经专业技能培训，取得《潜水专业资格证》。

（5）从事水上作业人员必须身体健康，无水上作业禁忌症。

二、个体防护要求

（1）救生衣。水上作业或码头临水作业人员必须穿着救生衣，且满足以下安全要求：

1）救生衣必须有生产许可证、产品合格证。

2）救生衣使用年限为 5 ～ 7 年。

3）穿着救生衣时，必须检查面料、泡沫塑料或软木完整、无破损。见图 11-17。

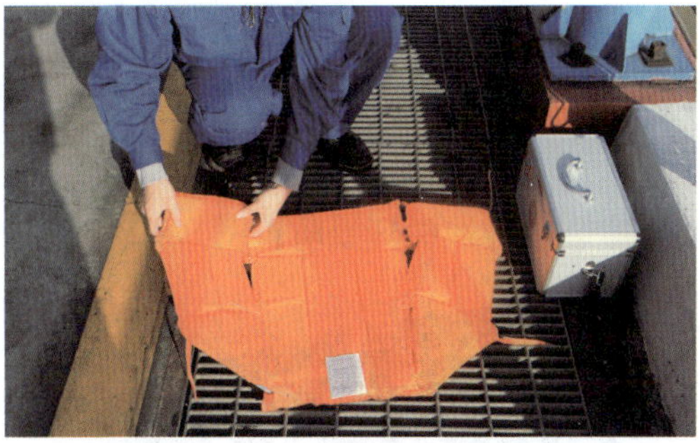

图 11-17

（2）潜水服。潜水作业人员必须穿着潜水服，且满足以下安全要求：

1）潜水服必须有生产许可证、产品合格证。

2）潜水服必须经法定的技术部门检验。

3）潜水气瓶检验周期为 2 年；储气罐、安全阀检验周期为 1 年；压力表检验周期为半年。

三、着装要求

救生衣应穿在上衣外面，系紧衣带。见图 11-18。

图 11-18

第三节 冷却水塔淹溺防控

冷却水塔淹溺主要是指水塔巡检或填料、打捞漂浮物、拆装挡风板、打冰、人工取样或加药等作业时，人员失稳落水被淹。

一、安全作业现场

（1）冷却水塔周边应装设防护栏杆或防护网。见图 11-19。

图 11-19

（2）水塔内走道及栏杆应齐全、完好，水塔中央竖井井口必须装设栏杆和盖板。见图 11-20。

图 11-20

（3）水塔填料篦子应完好，固定牢固。

（4）水塔爬梯应完好无损。见图 11-21。

图 11-21

（5）水塔作业现场照明应充足。

（6）水塔防护围栏上必须悬挂“禁止游泳”、“禁止跨越”、“当心落水”等安全警示牌。见图 11-22。

（a）　（b）　（c）

图 11-22

二、安全作业行为

（1）雨、雪或刮大风天气，严禁在水塔上作业。见图 11-23。

图 11-23

（2）水塔搭设脚手架或拆装挡风板时，必须系好安全带，必要时加安全绳。见图 11-24。

图 11-24

（3）水塔周边作业（如打冰、取样、加药、打捞漂浮物等）时，应做好防滑落水措施。见图 11-25。

图 11-25

（4）水塔填料作业时，必须系好安全带，并加安全绳，设专人监护。见图 11-26。

图 11-26

（5）严禁人站在冷却塔水管上行走。见图 11-27。

图 11-27

（6）冷却水塔打冰作业时，必须使用专用工具，设专人指挥，并做好防滑跌摔倒的措施。见图 11-28。

图 11-28

第四节 水（灰）坝淹溺防控

水（灰）坝淹溺主要是指在水（灰）坝区域作业发生的淹溺伤害。主要作业有坝体检查和监测、坝体加固和维护、水坝清淤泥、打捞漂浮物、闸门（阀门）检修等。

一、安全作业现场

（1）水坝两侧必须装设防护栏杆，坝体及周边必须挂“禁止游泳”、“禁止钓鱼”等警示牌。见图 11-29。

图 11-29

（2）水坝上各类孔、洞盖板应齐全牢固。见图 11-30。

图 11-30

（3）水上作业平台周围必须装设防护栏杆。

（4）水上作业所用索具、脚手板、吊篮、平台等设施必须定期检验，且有检验报告。

（5）湿灰坝的周边必须挂“禁止游泳”、“禁止钓鱼”、“禁止捕鱼”等警示牌。见图 11-31。

（a）　（b）　（c）

图 11-31

（6）水（灰）坝坝体照明应充足。

二、安全作业行为

（1）在水上平台临边作业时，必须系好安全带。见图 11-32。

图 11-32

（2）水上作业所用索具、脚手板、吊篮、平台等设施未经检验，不得使用。

（3）坝体巡视人员必须在规定的巡视路线内进行巡视，不得擅自进入危险区域。

（4）在打捞水上漂浮物时，必须穿好救生衣。见图 11-33。

图 11-33

（5）在危险区域内作业时，必须系好安全带（绳），并设专人监护。见图 11-34。

图 11-34

（6）雨、雪、大风、大雾等恶劣天气，不得在水（灰）坝周边行走或作业。

第五节 水池淹溺防控

水池淹溺主要是指在循环水前池、工业废水池、雨水前池、沉淀池等处作业发生的淹溺伤害。主要作业有现场巡检、水池维修和加固、水池清淤泥等。

一、安全作业现场

（1）循环水前池、雨水前池必须装设盖板和防护栏杆，挂安全警示牌。见图11-35。

（a）　　　　　　（b）

图 11-35

（2）工业废水池、沉淀池必须装设防护栏杆，挂安全警示牌。见图 11-36。

图 11-36

（3）喷水池四周的池壁应高出地面至少 200mm，旁边应有便道。

（4）进入水池内前，应放净池内水，关严进水阀门（闸板）、加锁，并挂“禁止操作、有人工作”警告牌。见图 11-37。

图 11-37

（5）水池内作业必须设置逃生通道。见图 11-38。

图 11-38

（6）水池周边照明应充足。

二、安全作业行为

（1）进入水池内作业时，必须由专业人员进行，作业人员不得少于 2 人，其中 1 人监护。

（2）更换水池盖板时必须 2 人及以上作业，系好安全带（绳），并使用吊装盖板的专用工具。见图 11-39。

图 11-39

（3）检查工业废水池、雨水前池的水位时，作业人员不得翻越或坐靠防护栏杆。见图 11-40。

图 11-40

（4）水池临边作业或打捞漂浮物时，必须系好安全带（绳）。

（5）在运行中的水池内作业时，严禁靠近循环水泵的进水管口。

（6）清理水池内淤泥等杂物时，必须设有逃生通道，设专人监护。见图 11-41。

图 11-41

（7）潜水泵抽水时，严禁人员进入水池。见图 11-42。

图 11-42

（8）检修喷水池的喷嘴时，人应站在木船或木排上。严禁站在水管上行走。

（9）严禁在水池内洗澡、游泳。

第六节　卸煤码头淹溺防控

卸煤码头淹溺主要是指在卸煤码头上作业时，人员失稳落水被淹。主要作业有解（系）缆绳、装卸作业、设备检修与维护、码头保洁等。

一、安全作业现场

（1）码头、卸船机临海侧（除靠泊侧）的防护栏杆必须齐全、完好。见图 11-43。

图 11-43

（2）码头上不得堆积杂物及易燃易爆物品。见图 11-44。

（a）

（b）

图 11-44

（3）码头上油渍、冰雪应及时清理，必要时应铺上草包，以防滑跌。

（4）船舶与码头间的人行通道应设置牢固防护栏杆，并装设防护网。见图 11-45。

图 11-45

（5）上下码头和跨越两船时，当高低相距大于0.5m时，必须使用跳板或梯子。

（6）船上使用木梯、竹梯时，上端应用绳子绑牢。

（7）卸船机、推扒机上的安全保护装置应齐全、可靠。

（8）严禁使用直接磨掉 7% 的钢丝绳或一束中的股线断线数达 10% 的钢丝绳。

（9）码头上必须配备足够数量的救生圈、救生衣、急救药箱、消防器材等。见图 11-46。

图 11-46

（10）码头上必须装设“禁止游泳”、“禁止钓鱼”、“禁止捕鱼”、“禁止跨越”、“当心落水”、“必须穿救生衣”等安全警示牌。见图 11-47。

（a）（b）（c）（d）（e）（f）

图 11-47

（11）码头上照明必须充足。

二、安全作业行为

（1）未经专业技能培训的人员，不得开船，不得操作卸船机、推扒机等。

（2）码头上的打缆工或临海侧的作业人员必须穿着救生衣。见图 11-48。

图 11-48

（3）码头临海侧作业时，必须系好安全带（绳）。见图 11-49。

图 11-49

（4）上下船只用的跳板必须宽搭稳架，船未停稳不得上下。上下船只人应双手扶好栏杆。见图 11-50。

图 11-50

（5）接（解）缆绳时，人应站在码头的安全地方，严禁站在码头边缘处。拉缆绳时，不得拉缆绳甩头的顶端，拉不住时应放手。见图 11-51。

图 11-51

（6）码头人员与停靠船舶人员之间严禁相互抛掷工具、物料。

（7）严禁人员坐靠防护栏杆。

（8）严禁用卸船机进行吊人作业。见图 11-52。

图 11-52

（9）严禁下水洗澡、游泳。

（10）使用船舶运输应根据船只载重量及平衡程度装载，严禁超载。

（11）煤船漂离码头 2m 以上，严禁卸煤作业。

（12）卸船机作业中无关人员不得登机；停止作业时，应将卸船机开至指定位置，并锚定好船。

（13）遇 6 级以上大风时，船舶应靠岸停泊。严禁在码头上作业。见图 11-53。

图 11-53

第十二章 厂内车辆伤害防控

第一节 概　　述

厂内机动车辆是指仅在本企业特定区域内使用的专用机动车辆，不包括大客车、消防车、工程抢险车和救护车。发电企业常见的厂内机动车辆有电瓶车、洒水车、扫地车、挖掘机、装载机、推土机、翻斗车、叉车等。存在的主要安全风险有：

（1）无证驾驶。

（2）司机酒后驾车或疲劳驾车。见图 12-1。

图 12-1

（3）车辆带“病”行驶。

（4）车辆超速行驶。

（5）车斗内人货混装运输。见图 12-2。

图 12-2

（6）危险化学品、易燃易爆物品与其他物件（料）混装运输。见图 12-3。

图 12-3

（7）装载货物超载、超高、超宽、超长或固定捆绑不牢运输。见图 12-4。

图 12-4

第二节　个人能力与防护

一、个人能力要求

（1）电瓶车、洒水车、扫地车、翻斗车的司机必须取得驾驶证。见图 12-5。

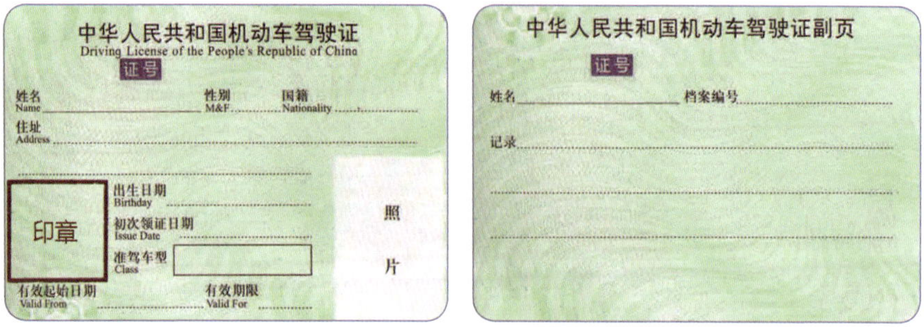

中华人民共和国机动车驾驶证
Driving License of the People's Republic of China
证号
姓名 Name　性别 M&F　国籍 Nationality
住址 Address
出生日期 Birthday
初次领证日期 Issue Date
准驾车型 Class
印章
照片
有效起始日期 Valid From　有效期限 Valid For

中华人民共和国机动车驾驶证副页
证号
姓名　档案编号
记录

图 12-5

（2）汽车吊车属于特种设备。司机必须取得驾驶证，吊车操作人员必须取得《特种设备作业人员证》（移动式起重机）。见图 12-6。

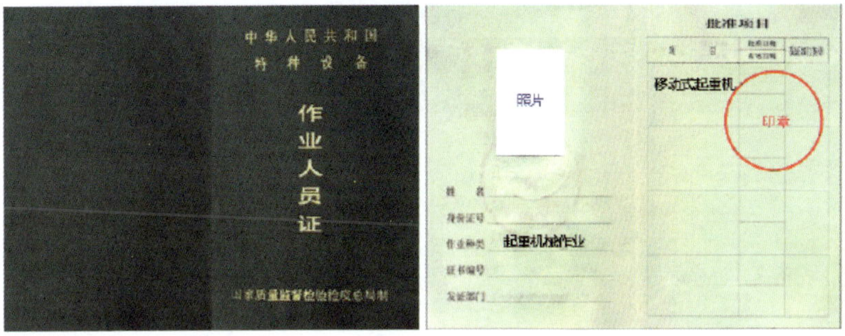

图 12-6

（3）叉车、挖掘机、装载机、推土机的司机必须经专业技能培训，并持证上岗。

二、个体防护要求

厂内机动车辆司机必须穿好工作服，离开驾驶室进入生产区域内必须戴好安全帽。

第三节 厂 内 道 路

厂内道路分为主干道、次干道、辅助道等。其中，主干道是指全厂性主要道路，一般为主要出入口道路；次干道是指厂区车间、仓库和生产现场之间的主要运输道路。厂内道路的安全设施与标识的基本要求：

（1）主干道必须画上下行线。见图 12-7。

图 12-7

（2）次干道、辅助道的画线应由本企业自行规定。

（3）厂内道路的安全警示牌见表 12-1。

表 12-1　　厂内道路的安全警示牌

序号	厂内道路	安全设施与标识
1	主干道	限速标示牌（30km/h）
2	次干道、辅助道	限速标示牌（5km/h）
3	急转弯处	限速标示牌（5km/h）；装设凸面镜
4	人行横道、出入大门	限速标示牌（5km/h）；装设减速带
5	道路上横跨障碍物	限高标示牌
6	停车场	停车标示牌；装设减速带；画停车位

（4）燃油（气）区周围必须有消防车行驶的通道，通道尽头应设有回车场。

（5）厂区道路有积雪（冰）时，应及时清扫，路滑地段应铺撒防滑砂或采取其他防滑措施。

第四节　车 辆 与 运 输

车辆与运输主要包括车辆注册登记、车辆年检、货物装运、车辆行驶等。

一、车辆安全要求

（1）厂内车辆必须在所辖地方质量技术监督部门注册登记、年检及办理相关手续。

（2）厂内车辆必须安装车辆牌照，行驶证应有效。

（3）厂内车辆必须每年检验一次，且有《厂内机动车辆监督检验报告》。

（4）厂内车辆过户、报废时，必须办理登记手续；车辆改装后必须重新验车。

（5）厂区主干道行驶最高时速不超过 30km/h，其他干道行驶时速不超过 5km/h。见图 12-8。

图 12-8

（6）必须保证车辆各灯光指示正常。

（7）车辆装载货物时，必须固定牢固和捆绑紧固，物件宽度不得超出车厢。见图 12-9。

图 12-9

（8）危险化学品、易燃易爆物品与其他物品（料）不得混装。见图 12-10。

图 12-10

（9）机动车停车场或车库内，不得存放汽油及易燃物品，并备有消防器材。

二、安全作业行为

（1）车辆应由专人驾驶和保养，并持有效驾驶证。

（2）严禁挪用、涂改或伪造车辆牌照。

（3）厂内车辆仅限于厂区范围内行驶和作业，严禁到厂外道路行驶。见图 12-11。

图 12-11

（4）出车前，必须检查确认车辆各系统完好、工作正常，刹车可靠。

（5）驾驶员身体不适或疲劳时，严禁驾驶车辆。见图 12-12。

图 12-12

（6）车辆带“病”时，严禁行驶。

（7）驾驶员离开车辆时，必须拉紧手刹、切断电路、锁好车门。

（8）车辆进入升压站、主变压器等高压电气场所时，必须设电气人员监护。见图 12-13。

图 12-13

（9）进入燃油（气）区内的车辆，必须放尽车辆静电，排气管加装防火罩，并设专人监护。严禁电瓶车进入燃油（气）区。见图 12-14。

图 12-14

（10）车辆进入生产厂房内时，必须设专人引导指挥。见图 12-15。

图 12-15

（11）严禁车辆进入制氢站。见图 12-16。

图 12-16

（12）严禁车辆超速行驶。

（13）严禁人货混装运输。见图 12-17。

图 12-17

（14）装载压缩气瓶时，气瓶不得顺车厢纵向放置，应横向放置。

（15）搬运、装卸、运输气瓶时，应轻装轻卸，严禁抛、滑、滚、碰。见图 12-18。

图 12-18

（16）用起重机装卸货物时，货车驾驶员应离开驾驶室。见图 12-19。

图 12-19

（17）装载货物不得挡住驾驶员的视线。见图 12-20。

图 12-20

（18）货物长度超过后栏板时，不得遮挡号牌、转向灯、尾灯和制动灯。

（19）装载货物固定不牢和捆绑不紧时，严禁行驶。见图 12-21。

图 12-21

（20）装载货物超载、超高、超宽时，严禁行驶。见图 12-22。

图 12-22

（21）车厢侧板、后栏板未关好、拴牢时，严禁行驶。

（22）装载散状、粉状或液态货物时，不得散落、飞扬或滴漏车外，以防伤害路人。

（23）消防车、工程抢险车和救护车在执行任务时不限制速度。

（24）铲车运输时，铲架应放低行驶。工作完毕，铲架应收起绑好。

（25）挖土机停止作业时，应将吊斗放到地面上，不得悬在空中。

（26）遇路面狭窄、不平和重车时，车速不应超过 5km/h，空车时不准超过 10km/h。

（27）厂内路面有结冰时，车辆必须做好防滑措施。见图 12-23。

图 12-23

附录一　火电厂生产现场风险辨识表

序号	典型作业现场	典型作业点	主要风险辨识
1	锅炉		
1.1	炉膛内	搭、拆升降平台（脚手架）	高处坠落、物体打击、坍塌
		在升降平台（脚手架）上作业	高处坠落、物体打击、坍塌
		清灰除焦	高处坠落、物体打击、坍塌、灼烫
		防磨防爆检查	高处坠落、物体打击、灼烫
1.2	锅炉“四管”	割、拆受热面管排	高处坠落、物体打击、起重伤害、灼烫、火灾
		管道坡口加工	高处坠落、物体打击、机械伤害
		吊装管排	高处坠落、物体打击、起重伤害
		安装、焊接管排	高处坠落、物体打击、起重伤害、灼烫、火灾
		热处理	高处坠落、灼烫
1.3	汽包	通风降温	中毒、窒息
		拆、装分离子、洗气器	物体打击
		清扫检查	中毒、窒息
		零件酸洗	灼烫、中毒
		部件吊装搬运	起重伤害、高处坠落
1.4	预热器	内部清灰	高处坠落、灼烫、中毒、窒息
		内部检修	高处坠落、物体打击、机械伤害、触电
		蓄热片更换	高处坠落、物体打击、起重伤害
		减速机检修	机械伤害、起重伤害
		减速机润滑油更换	火灾
1.5	捞渣机	液压关断门作业	物体打击、灼烫
		拆、装传送装置	物体打击、机械伤害、灼烫

续表

序号	典型作业现场	典型作业点	主要风险辨识
1.6	减温器	割、拆管道、封头	高处坠落、物体打击、起重伤害、灼烫、火灾
		抽套筒	高处坠落、物体打击、起重伤害
		坡口加工	物体打击、机械伤害、触电
		回装焊接	灼烫、火灾
		热处理	灼烫、火灾
1.7	支吊架	检查、调整	高处坠落
1.8	阀门	阀件解体	物体打击、起重伤害
		起吊阀门杆	物体打击、起重伤害
		密封面研磨	机械伤害、触电
		坡口加工（焊接门）	物体打击、机械伤害、触电
		焊接、回装（焊接门）	灼烫、火灾
		部件回装	物体打击、起重伤害
		安全阀校对	灼烫
		电动阀校对	机械伤害
1.9	汽水管道	搭、拆脚手架	高处坠落、物体打击、坍塌
		管道吊运	起重伤害
		坡口加工	物体打击、机械伤害、触电
		就位回装	物体打击、起重伤害
		焊接、热处理	灼烫、火灾
1.10	压力容器	通风降温	中毒、窒息
		内部检修作业	机械伤害、触电
1.11	各类风机	内部清灰（引风机）	窒息
		起吊叶轮	起重伤害、物体打击
		抽叶轮轴	起重伤害、物体打击
		拆、装轴承	物体打击、灼烫伤
		对轮找正	起重伤害、物体打击

续表

序号	典型作业现场	典型作业点	主要风险辨识
1.11	各类风机	轴承加油	火灾
		找平衡、试运	机械伤害、物体打击
		刷漆	火灾、中毒
1.12	喷燃器	搭、拆脚手架	高处坠落、坍塌、物体打击
		解体抽芯子管	高处坠落、物体打击、起重伤害
		挖补焊接	火灾、灼烫伤
		部件吊运、安装	高处坠落、物体打击、起重伤害
		风门作业	高处坠落、物体打击
		炉内升降平台使用	高处坠落、物体打击、坍塌
1.13	煤粉仓	通风、降温、气体检测	中毒、窒息
		清理四壁悬挂物，煤、粉	高处坠落、坍塌、中毒、窒息
		搭、拆脚手架	高处坠落、坍塌、物体打击
		动火作业	火灾爆炸、灼烫伤
1.14	给粉机	拆、装设备部件	物体打击、起重伤害
		清理煤粉	火灾爆炸
		解体检修	起重伤害、物体打击、机械伤害
		部件搬运	起重伤害、物体打击
1.15	磨煤机	拆、装出入口法兰盘	起重伤害、物体打击
		清、甩钢球（低速磨）	起重伤害、机械伤害、物体打击、火灾爆炸
		更换钢瓦	高处坠落、起重伤害、物体打击
		顶升罐体	起重伤害、物体打击
		出入口瓦刮研	高处坠落、物体打击、起重伤害
		减速机解体检修	物体打击、起重伤害、机械伤害
		油泵解体检修	物体打击、起重伤害、机械伤害、火灾
		冷却风门检修	物体打击、机械伤害、灼烫
		给煤机检修	物体打击、机械伤害
		刷漆	火灾、中毒窒息

续表

序号	典型作业现场	典型作业点	主要风险辨识
1.16	粗、细粉分离器	内部清扫	中毒、窒息
		内部磨损挖补	高处坠落、灼烫伤
		动火作业	火灾爆炸、灼烫伤
		零部件吊装	高处坠落、物体打击、起重伤害
1.17	排粉机	清扫积粉	中毒窒息
		叶轮吊装	起重伤害、物体打击
		轴承检修	起重伤害、物体打击、机械伤害、灼烫
		对轮找正	物体打击
1.18	油泵	油泵解体	起重伤害、物体打击
		机件吊运	起重伤害、物体打击
		轴承检修	物体打击、机械伤害、灼烫伤
		泵体就位	起重伤害、物体打击
1.19	酸洗	管道安装	高处坠落、物体打击、起重伤害
		酸洗泵安装	物体打击、起重伤害
		药液配制操作	灼烫、火灾
		酸洗作业	灼烫、火灾
		管道搬运	高处坠落、物体打击、起重伤害
1.20	水压试验	工作压力泄漏检查	物体打击、灼烫
1.21	风压试验	泄漏检查	物体打击
2	汽轮机		
2.1	汽轮机本体	搭、拆脚手架	高处坠落、物体打击、坍塌
		在脚手架上作业	高处坠落、物体打击、坍塌
		主机揭、扣缸	起重伤害、物体打击、高处坠落
		各部套解体、回装	起重伤害、物体打击、高处坠落
		拆、装导汽管	高处坠落、起重伤害、物体打击
		主轴瓦检修	起重伤害、物体打击、机械伤害、灼烫

续表

序号	典型作业现场	典型作业点	主要风险辨识
2.1	汽轮机本体	转子检修	起重伤害、物体打击、机械伤害、灼烫
		静止部套检修	起重伤害、物体打击、机械伤害、灼烫
		盘车装置检修	起重伤害、物体打击、机械伤害、灼烫
		转子找中心	起重伤害、物体打击、机械伤害
		通流部分间隙调整	起重伤害、物体打击、机械伤害
2.2	自动主汽门	拆、装油动机及附件	起重伤害、物体打击、高处坠落
		门体解体、回装	起重伤害、物体打击、高处坠落
		各部套、部件检修	起重伤害、物体打击、机械伤害
		门体金属探伤检查	高处坠落
		密封面刮研	物体打击、机械伤害
2.3	调速汽门	拆、装调速汽门操纵机构及附件	起重伤害、物体打击、高处坠落
		调速汽门解体、回装	起重伤害、高处坠落、物体打击
		各部件检修	机械伤害、物体打击
		调速汽门体金属探伤检查	高处坠落
		调速汽门各密封面刮研	物体打击、机械伤害
2.4	前箱	揭、扣前箱盖	起重伤害、物体打击
		箱盖内各部套检修	机械伤害、物体打击
		主油泵检修	起重伤害、物体打击、机械伤害、火灾
		调速器试验	机械伤害、起重伤害、物体打击
		前箱内热工元件拆、装	物体打击
		前箱清理	物体打击、火灾
2.5	油箱	放油	物体打击、火灾
		拆、装连接管道及附件	高处坠落、起重伤害、物体打击
		拆、装油箱盖	高处坠落、起重伤害、物体打击

续表

序号	典型作业现场	典型作业点	主要风险辨识
2.5	油箱	拆、装油箱内及部件	高处坠落、起重伤害、物体打击
		油箱内清理	火灾、中毒窒息
		油箱滤油	火灾
2.6	油泵	放油消压	物体打击、火灾
		拆、装油泵附件	起重伤害、物体打击
		油泵解体、回装	起重伤害、物体打击
		静止部套检修	物体打击、机械伤害、火灾
		转子检修	物体打击、机械伤害、火灾
		轴承检修	物体打击、机械伤害、火灾、灼烫
		转子中心找正	起重伤害、物体打击
2.7	油系统阀门	油系统放油消压	物体打击、火灾
		拆、装操控、动力装置及附件	起重伤害、物体打击
		阀门解体、回装	起重伤害、物体打击
		阀芯、部套检修	起重伤害、机械伤害、物体打击
		密封口、密封面修研	起重伤害、物体打击
2.8	油系统管道	油系统放油消压	物体打击、火灾
		拆、装油管道	起重伤害、物体打击
		油管道检查、清洗	火灾
		支吊架检查、调整	高处坠落
2.9	冷油器	油系统放油消压	物体打击、火灾
		搭拆脚手架	高处坠落、物体打击、坍塌
		脚手架上作业	高处坠落、物体打击、坍塌
		连接油管道拆、装	起重伤害、高处坠落、物体打击
		冷油器吊装	起重伤害、高处坠落、物体打击
		冷油器解体、回装	起重伤害、高处坠落、物体打击
		冷油器内部、管系清洗	物体打击、灼烫
		冷油器查漏、压力试验	物体打击

续表

序号	典型作业现场	典型作业点	主要风险辨识
2.10	DEH调速系统	抗燃油箱内部检修	中毒、窒息、火灾、触电
		抗燃油真空滤油机检修	物体打击、起重伤害、机械伤害、火灾
		抗燃油再生装置检修	物体打击、起重伤害、机械伤害、火灾
		蓄能器检修	物体打击、起重伤害、机械伤害、火灾、爆炸
		主油泵、再生泵、冷却泵检修作业	物体打击、起重伤害、机械伤害、火灾
		抗燃油系统清理	火灾、中毒
		油箱滤油	火灾
2.11	凝汽器	拆、装凝汽器端盖	高处坠落、起重伤害、物体打击
		凝汽器抽管检查	物体打击
		凝汽器热水井清理	窒息
		收球网、二次滤网检修	物体打击、窒息
		凝汽器查漏堵管	物体打击、窒息
2.12	加热器	拆、装附件及人孔盖	起重伤害、物体打击、灼烫
		加热器内部检修、堵漏	物体打击、灼烫、窒息
2.13	小汽轮机	搭、拆脚手架	高处坠落、物体打击、坍塌
		在脚手架上作业	高处坠落、物体打击、坍塌
		揭、扣缸检修	起重伤害、物体打击、机械伤害
		各部套解体、回装	起重伤害、高处坠落、物体打击
		轴瓦检修	起重伤害、物体打击、机械伤害
		转子检修	起重伤害、物体打击、机械伤害
		静止部套检修	起重伤害、物体打击、机械伤害
		盘车装置检修	起重伤害、物体打击、机械伤害
		转子找中心	起重伤害、物体打击
		通流部分间隙调整	机械伤害、物体打击、高处坠落
		主汽门、调门检修	起重伤害、物体打击、机械伤害、灼烫

续表

序号	典型作业现场	典型作业点	主要风险辨识
2.14	给水泵	放水消压	物体打击、灼烫
		拆、装附件	起重伤害、物体打击
		水泵解体、回装	起重伤害、物体打击
		静止部套检修	起重伤害、物体打击、机械伤害
		转子检修	起重伤害、物体打击、机械伤害
		轴承检修	起重伤害、物体打击、机械伤害
		耦合器检修	起重伤害、物体打击、机械伤害
		转子中心找正	起重伤害、物体打击
		水泵试运	机械伤害、触电
2.15	各种水泵	放水消压	物体打击、灼烫
		拆、装附件	起重伤害、物体打击
		电机拆出、回装	起重伤害、物体打击
		水泵解体、回装	起重伤害、物体打击
		静止部套检修	起重伤害、物体打击、机械伤害
		转子检修	起重伤害、物体打击、机械伤害
		轴承检修	起重伤害、物体打击、机械伤害
		转子中心找正	起重伤害、物体打击
		水泵试运	机械伤害、触电
2.16	除氧器	放水消压	物体打击、灼烫
		搭、拆脚手架	高处坠落、物体打击、坍塌
		脚手架上作业	高处坠落、物体打击、坍塌
		除氧头解体、回装	起重伤害、高处坠落、物体打击
		除氧头内部部件拆装、检修	起重伤害、高处坠落、物体打击
		水箱焊口探伤检查	高处坠落
		水箱内部检修	物体打击、机械伤害、灼烫、窒息
2.17	疏水箱	放水消压	物体打击、灼烫

续表

序号	典型作业现场	典型作业点	主要风险辨识
2.17	疏水箱	搭、拆脚手架	高处坠落、物体打击、坍塌
		脚手架上作业	高处坠落、物体打击、坍塌
		水箱焊口探伤检查	高处坠落
		水箱内部检修	物体打击、机械伤害、灼烫、窒息
2.18	汽、水阀门	放水消压	物体打击、灼烫
		搭、拆脚手架	高处坠落、物体打击、坍塌
		脚手架上作业	高处坠落、物体打击、坍塌
		拆、装电动头及附件	起重伤害、物体打击
		阀门解体、回装	起重伤害、物体打击
		阀芯、部套检修	起重伤害、物体打击、机械伤害
		密封口、密封面修研	起重伤害、物体打击、机械伤害
		电动门校对行程	物体打击、触电
2.19	汽水管道	系统放水消压	物体打击、灼烫
		搭、拆脚手架	高处坠落、物体打击、坍塌
		脚手架上作业	高处坠落、物体打击、坍塌
		管道加固	高处坠落、物体打击
		旧管道拆除	起重伤害、高处坠落、物体打击
		管道配置、车削坡口	物体打击、机械伤害
		管道焊接、热处理	物体打击、灼烫
		焊口金属探伤检查	高处坠落
		支吊架检查、调整	高处坠落、物体打击
2.20	循环水泵	停电	触电
		进水口放下、提起闸板	起重伤害、高处坠落、物体打击、淹溺
		拆、装附件	起重伤害、高处坠落、物体打击
		电机拆出、回装	起重伤害、高处坠落、物体打击

续表

序号	典型作业现场	典型作业点	主要风险辨识
2.20	循环水泵	水泵解体、回装	起重伤害、高处坠落、物体打击
		静止部套检修	起重伤害、物体打击、机械伤害、淹溺
		转子检修	起重伤害、物体打击、机械伤害
		轴承检修	起重伤害、物体打击、机械伤害
		转子中心找正	起重伤害、物体打击
		水泵试运	机械伤害、触电
2.21	循环水蝶阀、阀门	电动头停电	物体打击、触电、
		防水消压	物体打击、淹溺
		拆、装电动头及附件	起重伤害、高处坠落、物体打击
		阀门解体、回装	起重伤害、高处坠落、物体打击、淹溺
		阀芯、部套检修	起重伤害、机械伤害、物体打击
		密封口、密封面检查、修研	起重伤害、机械伤害、物体打击、淹溺
		电动门校对行程	物体打击、触电
2.22	旋转滤网	停电	触电
		进水口放下、提起闸板	起重伤害、高处坠落、物体打击、淹溺
		滤网罩体及附件拆、装	起重伤害、物体打击
		电机拆出、回装	起重伤害、物体打击
		减速箱解体检修	起重伤害、物体打击、机械伤害
		回转机构检修、调整	起重伤害、物体打击、机械伤害
		更换、调整链条	起重伤害、物体打击、高处坠落、淹溺
		更换滤网篦子	起重伤害、物体打击、高处坠落、淹溺
2.23	循环水系统	拦污栅及入口液压钢闸门检修	淹溺、物体打击、机械伤害、窒息、中毒、起重伤害
		循环水管道、虹吸井及出口钢闸门检修	淹溺、窒息、中毒、物体打击、起重伤害、机械伤害

续表

序号	典型作业现场	典型作业点	主要风险辨识
2.23	循环水系统	前池、排水明渠作业	淹溺、高处坠落、物体打击
		水交换器作业	淹溺、窒息、中毒、物体打击、起重伤害
2.24	射水抽汽器系统	放水消压	物体打击、灼烫
		拆、装附件	起重伤害、高处坠落、物体打击
		真空机外罩、泵壳解体、回装	物体打击、起重伤害
		各零部件检修	物体打击、起重伤害、机械伤害
		试运	机械伤害、触电
		虹吸管（井）检查	高处坠落、物体打击、灼烫
3	电气		
3.1	发电机	置换气体或补氢	爆炸
		吊装端盖或冷却器等	起重伤害、物体打击
		定子膛内作业	窒息
		抽（装）转子	起重伤害、物体打击
		拔（装）转子护环	起重伤害、物体打击、灼烫
		更换励磁碳刷	触电
		高压试验	触电
3.2	变压器	拆（接）引线	高处坠落、物体打击、触电
		清扫套管绝缘子	高处坠落
		变压器滤油或注油	火灾
		拆（装）变压器附件	高处坠落、起重伤害、物体打击
		吊装钟罩或器身	高处坠落、起重伤害、物体打击
		变压器堵漏	高处坠落、物体打击
		高压试验	触电
3.3	电动机	拆（装）靠背轮	起重伤害、物体打击
		吊装电动机、端盖或冷却器等	起重伤害、物体打击
		定子膛内作业	窒息

续表

序号	典型作业现场	典型作业点	主要风险辨识
3.3	电动机	更换轴承	起重伤害、物体打击、灼烫
		抽（装）转子	起重伤害、物体打击
		电机清扫检查	窒息
		电动机试转	机械伤害
		轴承加油	火灾
		高压试验	触电
3.4	高压断路器	拆（接）引线	高处坠落、物体打击、触电
		清扫套管绝缘子	高处坠落
		清扫检查断路器	机械伤害
		补充 SF_6 气体	中毒
		换（补）绝缘油（油断路器）	高处坠落、火灾
		机械传动试验	机械伤害
		高压试验	触电
3.5	高压隔离开关	拆（接）引线	高处坠落、物体打击、触电
		清扫套管绝缘子	高处坠落
		机械传动试验	机械伤害
		高压试验	触电
3.6	高（低）配电室	母线室清扫预试	高处坠落、触电
		断路器检修及传动	物体打击、机械伤害
		电压互感器清扫预试	触电
		电流互感器清扫预试	触电
		更换开关柜体	物体打击
3.7	电缆	敷设电缆	高处坠落、物体打击
		拆除旧电缆	高处坠落、物体打击、触电
		清扫电缆粉尘	高处坠落、火灾、窒息
		制作电缆头	物体打击、灼烫伤、火灾
		电缆孔洞封堵	高处坠落、物体打击、触电

续表

序号	典型作业现场	典型作业点	主要风险辨识
3.7	电缆	电缆试验	触电
3.8	检修电源箱	清扫检修电源箱	触电、窒息
		更换检修电源箱	物体打击、灼烫伤
		维护检修电源箱	触电
3.9	构架防腐	清扫构架	高处坠落
		加固构架	高处坠落、物体打击
		刷（喷）涂料	中毒、火灾
4	继电保护		
4.1	盘、屏、柜	清扫盘、屏、柜	高处坠落、触电
		更换盘、屏、柜	高处坠落、起重伤害、机械伤害
		盘、屏、柜刷（喷）漆	中毒、窒息
4.2	保护装置	清扫检查	触电、窒息
		接（拆）二次线	物体打击、触电
		保护传动	机械伤害、触电
		更换保护装置	物体打击
4.3	仪表	清扫检查	触电、窒息
		接（拆）二次线	物体打击、触电
		更换仪表	物体打击
4.4	端子箱	清扫检查	触电、窒息
		接（拆）二次线	物体打击、触电
		更换端子箱	物体打击
4.5	蓄电池室	测试蓄电池电压	触电、中毒
		更换蓄电池	触电、中毒
5	热控		
5.1	热工保护设备	汽轮机保护系统测头拆除、安装、校对检修	触电、机械伤害、物体打击
		调节系统盘台，仪表、直流屏拆除与安装	触电、机械伤害、起重伤害、火灾

续表

序号	典型作业现场	典型作业点	主要风险辨识
5.1	热工保护设备	抗燃油滤油机控制系统电磁阀、仪表拆装检修	触电、高处坠落、物体打击
		真空滤油机控制系统执行机构、仪表拆装检修	触电、机械伤害、物体打击
		给水泵保护控制系统执行机构、仪表拆装、检修	触电、机械伤害、物体打击、灼烫
		高、低压加热器保护控制系统电接点拆装检修	机械伤害、物体打击、灼烫
		DEH控制系统电控阀拆装检修	触电、机械伤害、物体打击
		汽轮机一、二级旁路控制系统执行器、变送器、仪表拆装检修	触电、机械伤害、物体打击、灼烫
		光字报警系统拆装检修	触电、机械伤害、物体打击
		锅炉保护系统火焰探头拆装及清扫检修	机械伤害、灼烫、物体打击
		磨喷油程控系统电磁阀拆装检修	触电、物体打击、机械伤害、爆炸
		锅炉安全门控制系统校对试验工作	触电、灼烫、爆炸
		锅炉点火控制系统推进装置拆装、维护检修	触电、灼烫、物体打击、机械伤害、火灾
		火焰电视系统火焰探头拆装、清扫检修	触电、灼烫、物体打击、机械伤害、火灾
		深冷风机拆装检修	触电、物体打击、机械伤害
5.2	热工自动设备	角行程气动执行器校验对门检修	触电、灼烫、物体打击、机械伤害
		直行程气动执行器校验对门检修	触电、灼烫、物体打击、机械伤害
		两位气动执行器校验对门检修	触电、灼烫、物体打击、机械伤害
		电动执行器校验对门检修	触电、灼烫、物体打击、机械伤害
		高压变送器拆装、冲管检修	触电、烫伤、物体打击、机械伤害
		微压变送器拆装、吹管检修	触电、灼烫、物体打击、机械伤害

续表

序号	典型作业现场	典型作业点	主要风险辨识
5.2	热工自动设备	DCS 参数调整及检修	触电、物体打击、机械伤害
5.3	热工仪控设备	汽轮机监视仪表拆装、校验检修	触电、物体打击、机械伤害
		锅炉炉管泄漏系统监测装置设备检修	触电、物体打击、机械伤害、灼烫
		拆、装烟温系统测量装置	物体打击、机械伤害、灼烫
		拆、装金属壁温测量元件	物体打击、机械伤害、灼烫
		拆、装除氧器热控系统执行器、变送器	触电、物体打击、机械伤害、灼烫
		拆、装汽轮机金属壁温测量元件	物体打击、机械伤害、灼烫
		UPS 电源系统试验、清扫检修	触电、物体打击
		DAS 控制系统试验、清扫检修	触电、物体打击
		SCS1 控制系统试验、清扫检修	触电、物体打击
		SCS2 控制系统试验、清扫检修	触电、物体打击
5.4	热工附控设备	拆、装供热系统热控系统执行器、变送器、仪表	触电、物体打击、机械伤害、灼烫
		循环水泵房仪表设备检修	触电、物体打击、机械伤害
		拆、装化学、轻油泵房、氨站热控系统执行器、电磁阀、热工仪表	触电、物体打击、机械伤害、灼烫、中毒
		拆、装空压机、干燥机热控仪表	触电、物体打击、机械伤害
		拆、装干除灰系统执行器、变送器、仪表	触电、物体打击、机械伤害
		拆、装烟气分析系统测量元件	触电、物体打击、机械伤害、中毒
		拆、装脱硫热工仪表元件	物体打击、机械伤害、触电
		拆、装氨站热控系统执行器、变送器、仪表	触电、物体打击、机械伤害、中毒、灼烫
		拆、装脱水仓热工仪表	触电、物体打击、机械伤害
		拆、装给、磨料机热控系统执行器、变送器、测量元件	触电、物体打击、机械伤害
		DCS 清扫、校验检修	触电、物体打击、机械伤害

续表

序号	典型作业现场	典型作业点	主要风险辨识
5.4	热工附控设备	转子中心找正	物体打击
6	化学		
6.1	采样架内	采样架冲洗	灼烫、物体打击
		采样架检修	灼烫、物体打击、机械伤害、火灾
6.2	采样现场	入炉煤采样	物体打击、灼烫
		飞灰采样	物体打击、灼烫
6.3	采、制、化试验室	煤、灰制氧、化验	物体打击、灼烫
6.4	毒品存放库房	提取有毒药品	中毒、窒息
6.5	工业污水现场	拆、装污水处理厂仪表	触电、机械伤害、物体打击
6.6	仪表工作间工作	仪表校验	物体打击、触电
6.7	机组现场	吊运药品	起重伤害、中毒、窒息、灼烫
		检修机组氢纯度检验	火灾、爆炸
		取样架检修	物体打击、机械伤害
		取样间仪表检修	灼烫、物体打击、机械伤害
		酸碱浓度计检修	灼烫、物体打击、机械伤害
6.8	氢站内	电解液配制、注入、退碱	灼烫
		启动电解槽	爆炸、灼烫
		氢系统置换	爆炸、灼烫、物体打击
		测碱液比重	灼烫
		配制有毒有害药品	中毒
		制氢站各仪表检修	火灾、爆炸、物体打击
		电解槽及管道、阀门检修	触电、物体打击、机械伤害、爆炸、灼烫
6.9	试验室	系统查定试验	中毒、灼烫
		测定和配制酸碱液浓度	灼烫、中毒
6.10	水处理厂房	装卸树脂	高处坠落、物体打击

续表

序号	典型作业现场	典型作业点	主要风险辨识
6.10	水处理厂房	再生时投碱加热	灼烫
		水处理离子交换器检修	物体打击、机械伤害、窒息
		水处理气动门检修	物体打击、机械伤害
6.11	酸碱罐车	进厂酸碱采样	高处坠落、灼烫
6.12	脱硫现场	脱硫 pH 仪表检修	触电、物体打击、机械伤害
6.13	加药泵	停电	物体打击、触电
		隔断系统、放水消压	物体打击、触电、灼烫
		拆、装附件	起重伤害、物体打击、灼烫、中毒
		水泵解体、回装	起重伤害、物体打击、中毒
		部件检修	物体打击、机械伤害、中毒
		泵试运	机械伤害、灼烫、触电
6.14	离心泵	停电、放水消压	物体打击、灼烫
		拆、装附件	起重伤害、物体打击
		电机拆出、回装	起重伤害、物体打击
		水泵解体、回装	起重伤害、物体打击
		静止部套检修	机械伤害、物体打击
		转子检修	机械伤害、物体打击
		轴承检修	机械伤害、物体打击
		转子中心找正	机械伤害、物体打击
6.15	酸碱罐检修	隔断系统、放净酸碱	物体打击、灼烫、中毒
		罐内清洗、吹扫	物体打击、灼烫、中毒
		罐体内部检查、修理	物体打击、灼烫、窒息
		罐体内部防腐施工	高处坠落、物体打击、灼烫、中毒、窒息、爆炸、火灾
		罐体焊口探伤检查	高处坠落、灼烫
6.16	阀门	放水消压	物体打击、灼烫
		阀门解体、回装	起重伤害、物体打击

续表

序号	典型作业现场	典型作业点	主要风险辨识
6.16	阀门	阀芯、部套检修	起重伤害、物体打击、机械伤害
		密封口、密封面修研	物体打击、机械伤害
6.17	管道	系统放水消压	物体打击、灼烫、中毒
		搭、拆脚手架	高处坠落、物体打击、坍塌
		脚手架上作业	高处坠落、物体打击、坍塌
		管道加固	高处坠落、物体打击、火灾
		拆除旧管道	起重伤害、物体打击、火灾、灼烫、中毒
		管道配置、车削坡口	物体打击、机械伤害、中毒
		管道焊接、热处理	物体打击、灼烫
		焊口金属探伤检查	高处坠落
		支吊架检查、调整	高处坠落、物体打击
7	燃料		
7.1	皮带系统	皮带机更换主、从动滚筒	机械伤害、物体打击、起重伤害、火灾
		更换托辊、托辊架	机械伤害、物体打击、起重伤害、火灾
		滚筒检修	机械伤害、物体打击、起重伤害、火灾
		刮煤器、犁检修煤器检查	高处坠落、物体打击
		喷淋装置、冲洗水装置检修	机械伤害、物体打击、起重伤害
		液压拉紧装置检修	机械伤害、火灾、物体打击、起重伤害
		皮带接口、磨损边缘修补	机械伤害、火灾、物体打击
		更换导煤槽耐磨板、压带皮子	火灾、物体打击、机械伤害
		更换皮带机落煤筒衬板、三通挡板	机械伤害、火灾、物体打击、中毒
		煤仓篦子检修	机械伤害、火灾、物体打击
		滚筒冷包胶检修	机械伤害、物体打击、起重伤害
7.2	斗轮机系统	斗轮回转电机及油封拆装	起重伤害、物体打击、火灾

续表

序号	典型作业现场	典型作业点	主要风险辨识
7.2	斗轮机系统	三级立式减速机检修	起重伤害、物体打击、机械伤害、火灾
		更换斗轮机零部件	物体打击、起重伤害
		油系统检修	火灾、物体打击、机械伤害
		试运	机械伤害、触电
7.3	翻车机系统	更换、紧固钢丝绳	物体打击、火灾
		更换翻车机系统零部件	物体打击、起重伤害
		翻车机系统油系统检修	机械伤害、火灾、物体打击
		轨道衡检修、检查	物体打击、机械伤害
7.4	机械系统	减速机电动机及附件拆、装	物体打击、起重伤害
		减速机箱解体	起重伤害、物体打击
		减速机各零部件检修	机械伤害、物体打击
		减速机液力耦合器检修	机械伤害、物体打击
		减速机联轴器找正	起重伤害、物体打击
		栏杆、平台、盖板检修	机械伤害、起重伤害、物体打击
		碎煤机大修、更换锤头	机械伤害、起重伤害、物体打击
		滚轴筛检修	机械伤害、起重伤害、物体打击
		设备加油	火灾
7.5	入厂煤采制样	更换采样头	物体打击
		大小行车轮检查加油	火灾、物体打击
		链传动导向轮的检查、加油	物体打击、火灾
		链子的磨损及检查更换	物体打击、火灾
		各部旋转轴承解体检修	物体打击、机械伤害、灼烫
7.6	排污泵	停电	物体打击、触电、
		电机拆出、回装	起重伤害、物体打击
		水泵解体、回装	起重伤害、物体打击
		静止部套检修	机械伤害、物体打击

续表

序号	典型作业现场	典型作业点	主要风险辨识
7.6	排污泵	转子检修	机械伤害、物体打击
		轴承检修	机械伤害、物体打击、火灾、灼烫
		转子中心找正	起重伤害、物体打击
		水泵试运	机械伤害、触电
8	环境保护		
8.1	除灰（渣）泵	拆、装出入口法兰盘	高处坠落、物体打击、起重伤害
		起吊搬运泵体	物体打击、机械伤害、起重伤害
		拆、装水轮	起重伤害、物体打击
		更换轴承	物体打击、灼烫
		泵体就位、找正	机械伤害、触电
8.2	脱水仓	搭、拆脚手架	高处坠落、物体打击、坍塌
		析水元件更换	高处坠落、物体打击
		放渣门解体、回装	起重伤害、物体打击
		进浆门解体、回装	高处坠落、物体打击
		振打器更换	高处坠落、起重伤害、物体打击
8.3	浓缩机	搅拌器解体、回装	起重伤害、物体打击
		斜管组件更换	起重伤害、物体打击
		进浆门解体、回装	起重伤害、物体打击
8.4	空压机	油析筒解体、回装	起重伤害、物体打击
		机头解体、回装	起重伤害、物体打击
		冷却器解体、回装	起重伤害、物体打击
		风管道截门更换	物体打击
8.5	除尘器	内部清灰	高处坠落、中毒窒息
		整流变压器解体、回装	物体打击、触电、起重伤害
		大梁支撑绝缘子检修更换	物体打击、触电、起重伤害
		阴阳极板、线更换	高处坠落、中毒窒息、物体打击、触电

续表

序号	典型作业现场	典型作业点	主要风险辨识
8.5	除尘器	振打装置更换	高处坠落、中毒窒息、物体打击、触电
		卸灰装置更换	起重伤害、物体打击
		仓泵解体检修	中毒窒息、物体打击、机械伤害
		滤袋更换（布袋除尘器）	高处坠落、中毒窒息
		旋转机构检修（布袋除尘器）	中毒窒息、物体打击、机械伤害
8.6	脱硫	GGH 内部检查	中毒窒息
		驱动机构检修	起重伤害、物体打击、机械伤害
		吸收塔内部喷淋系统更换	高处坠落、起重伤害、物体打击、中毒窒息
		吸收塔内部积垢清理	高处坠落、物体打击、中毒窒息
		除雾器检查	高处坠落、中毒窒息、坍塌
		烟风道挡板门	高处坠落、起重伤害、物体打击
		斗提机更换料斗	高处坠落、起重伤害、物体打击
		浆液箱搅拌器检修	物体打击、机械伤害
		真空脱水皮带机滤布更换	高处坠落、物体打击
8.7	脱硫增压风机	内部清灰	窒息
		起吊叶轮	起重伤害、物体打击
		抽叶轮轴	起重伤害、物体打击、灼烫
		拆、装轴承	起重伤害、物体打击、灼烫
		对轮找正	起重伤害、物体打击
		轴承加油	火灾
		找平衡、试运	起重伤害、物体打击
		刷漆	火灾、高处坠落、中毒
8.8	湿式球磨机	拆、装出入口管道	高处坠落、物体打击、起重伤害
		清甩钢球	物体打击
		更换衬瓦	物体打击、中毒窒息
		轴瓦研磨	高处坠落、机械伤害、起重伤害

序号	典型作业现场	典型作业点	主要风险辨识
8.8	湿式球磨机	顶升罐体	高处坠落、物体打击、起重伤害
		减速机解体检修	机械伤害、触电、起重伤害
		油泵解体检修	机械伤害、触电、起重伤害、火灾爆炸
8.9	脱硝	氨区作业	中毒窒息、火灾爆炸、高处坠落、灼烫
		氨罐阀门更换	中毒窒息、火灾爆炸、高处坠落、灼烫
		脱硝反应器内部清灰	中毒窒息、火灾爆炸
		脱硝反应器内部检查更换	中毒窒息、高处坠落、火灾爆炸

附录二 水电站生产现场风险辨识表

序号	典型作业现场	典型作业点	主要风险辨识
1	水轮机		
1.1	主轴密封	拆卸主轴密封	高处坠落、物体打击、淹溺
		装配主轴密封	起重伤害、机械伤害、物体打击
1.2	水导轴承	拆卸水导轴承	起重伤害、物体打击
		装配水导轴承	起重伤害、机械伤害、物体打击
		水导注油	物体打击、火灾
		顶盖回油箱作业	机械伤害、物体打击、火灾
1.3	导水机构检修	顶盖作业	高处坠落、起重伤害、机械伤害、物体打击
		导水机构作业	高处坠落、起重伤害、机械伤害、物体打击
		导叶测量作业	机械伤害
1.4	转轮检修	转轮叶片修型、气蚀处理、间隙测量作业	高处坠落、机械伤害、物体打击、中毒、窒息
		搭（拆）检修平台	高处坠落、物体打击、坍塌
		检修平台上作业	高处坠落、物体打击、坍塌
1.5	盘型阀检修	拦污栅、盘型阀作业	高处坠落、起重伤害、机械伤害、物体打击
1.6	环形吊车检修	环形吊车作业	高处坠落、起重伤害、物体打击
1.7	技术供水系统检修	滤水器、阀门、减压阀检修	起重伤害、机械伤害、物体打击
2	发电机		
2.1	上导轴承检修	解体上导轴承	高处坠落、起重伤害、物体打击
		上导油冷器及供排水管清扫检查、油冷器压力试验	高处坠落、机械伤害、物体打击
		装配上导轴承	高处坠落、起重伤害、物体打击
		上导油槽注油	火灾
2.2	下导轴承检修	解体下导轴承	起重伤害、物体打击

续表

序号	典型作业现场	典型作业点	主要风险辨识
2.2	下导轴承检修	下导油冷器及供排水管清扫检查、油冷器压力试验	机械伤害、物体打击
		装配下导轴承	起重伤害、物体打击
		下导油槽注油	火灾
2.3	推力轴承检修	解体推力轴承	高处坠落、起重伤害、物体打击
		推力油冷器及供排水管清扫检查、油冷器压力试验	高处坠落、机械伤害、物体打击
		高压油顶起装置作业	高处坠落、起重伤害、物体打击、火灾
		装配推力轴承	高处坠落、起重伤害、物体打击
		推力油槽注油	火灾
		推力受力调整作业	高处坠落、物体打击
2.4	补气阀检修	补气阀解体作业	高处坠落、物体打击
		补气阀吊装作业	高处坠落、起重伤害、物体打击
2.5	冷却通风系统检修	挡风板作业	机械伤害、物体打击
		空冷器、冷却器压力试验、冷却水管路等作业	机械伤害、物体打击
2.6	制动系统	风闸制动作业	机械伤害、物体打击
2.7	转子检修	转子本体作业	高处坠落、起重伤害、物体打击
		转子吊装	起重伤害、物体打击
		更换转子磁极	起重伤害、触电、物体打击
2.8	定子检修	搭、拆脚手架作业	高处坠落、物体打击、坍塌
		脚手架上作业	高处坠落、物体打击、坍塌
		定子本体检修	高处坠落、机械伤害、物体打击、窒息
		定子清洗	高处坠落、物体打击、火灾、窒息
		定子铁芯处理	高处坠落、起重伤害、物体打击、窒息
		更换定子绕组	高处坠落、起重伤害、物体打击、窒息

续表

序号	典型作业现场	典型作业点	主要风险辨识
3	调速器		
3.1	调速器机械部分	压力油罐、集油槽、漏油箱作业	高处坠落、机械伤害、火灾、中毒、窒息
		接力器、油管路、过速保护装置、锁定装置、主配压阀作业	高处坠落、起重伤害、机械伤害、火灾
		调速器压油泵作业	起重伤害、机械伤害、物体打击、火灾
3.2	调速器电气部分	调速器电气系统作业	机械伤害、触电、物体打击
		调速器特性试验	机械伤害、触电、物体打击
4	电气		
4.1	主变压器	保护及二次设备作业	触电、物体打击
		主变压器本体	高处坠落、触电、物体打击、火灾
		主变压器附属设备	高处坠落、触电、物体打击、火灾
4.2	开关站、GIS	保护及其他二次设备作业	触电、物体打击
		断路器、隔离开关、接地开关、母线、互感器作业	高处坠落、触电、物体打击、火灾、中毒
4.3	出线平台、线路	保护及其他二次设备作业	触电、物体打击
		出线套管、绝缘子、互感器、避雷器、线路作业	高处坠落、触电、物体打击、火灾
4.4	10kV、400V厂用电	保护及其他二次设备作业	触电、物体打击
		断路器、隔离开关、接地开关、母线、互感器作业	高处坠落、触电、物体打击、火灾
4.5	电缆	电缆铺设	高处坠落、触电、物体打击
		电缆头制作	机械伤害、物体打击、灼烫
		电缆孔洞封堵	高处坠落、物体打击
		旧电缆拆除	高处坠落、触电、物体打击
4.6	发电机电气部分	发电机保护及其他二次设备作业	触电、物体打击
		油、水、气、监测等辅助电气设备作业	机械伤害、触电、物体打击

续表

序号	典型作业现场	典型作业点	主要风险辨识
4.6	发电机电气部分	转子、定子作业	机械伤害、触电、物体打击
4.7	机组励磁系统	励磁变压器、电缆作业	机械伤害、触电、物体打击
		励磁盘检修作业	机械伤害、触电、物体打击
		碳刷架、集电环作业	机械伤害、触电、物体打击
4.8	直流系统	蓄电池组作业现场	机械伤害、触电、火灾、爆炸
		整流装置、母线、直流馈线回路作业	机械伤害、触电、物体打击
4.9	监控及自动化设备	现地自动化设备作业	机械伤害、触电、物体打击
		现地监控盘作业	机械伤害、触电、物体打击
		上位机作业	
4.10	测量仪表及电能计量	现地测量仪表及电能计量作业	触电
		试验室内测量仪表及电能计量校验作业	触电
4.11	接地网	接地网作业	机械伤害、触电
		避雷设施作业	机械伤害、触电、物体打击
5	通航设施		
5.1	船闸设备	检修门作业	高处坠落、起重伤害、机械伤害、物体打击
		人字门作业	高处坠落、起重伤害、机械伤害、物体打击
		输水系统作业	高处坠落、起重伤害、机械伤害、物体打击、淹溺、中毒、窒息
		控制系统作业	高处坠落、触电
5.2	升船机设备	检修门作业	高处坠落、起重伤害、机械伤害、物体打击
		工作门作业	高处坠落、起重伤害、机械伤害、物体打击
		升船机卷扬系统作业	高处坠落、机械伤害、物体打击
		承船厢厢体作业	高处坠落、机械伤害、物体打击、火灾、淹溺、中毒、窒息

续表

序号	典型作业现场	典型作业点	主要风险辨识
5.2	升船机设备作业现场	承船厢泵站作业	高处坠落、机械伤害、物体打击、火灾、爆炸、中毒、窒息
		控制系统作业	高处坠落、触电
6	水工		
6.1	进水口闸门	拦污栅、检修门作业	高处坠落、起重伤害、机械伤害、物体打击
		工作门、快速门作业	高处坠落、机械伤害、物体打击
		工作门、快速门泵站及控制作业	机械伤害、触电、物体打击
6.2	泄洪闸门	检修门作业	高处坠落、起重伤害、机械伤害、物体打击、淹溺
		工作门作业	高处坠落、机械伤害、物体打击、淹溺
		工作门泵站及控制作业	机械伤害、触电、物体打击
6.3	尾水闸门	尾水闸门作业	高处坠落、起重伤害、机械伤害、物体打击、淹溺
6.4	水工建筑物	输水管路作业	高处坠落、起重伤害、机械伤害、物体打击、淹溺
		大坝、进水口、通航、护坡作业	高处坠落、起重伤害、机械伤害、物体打击、淹溺
7	观测		
7.1	户外观测	户外观测作业	高处坠落、淹溺
7.2	户内观测	户内观测作业	高处坠落、淹溺
8	油系统		
8.1	透平油系统	油罐作业	机械伤害、触电、物体打击、火灾
		油管路作业	机械伤害、触电、物体打击、火灾
8.2	绝缘油系统	油罐作业	机械伤害、触电、物体打击、火灾
		油管路作业	机械伤害、触电、物体打击、火灾
9	辅助设备		

续表

序号	典型作业现场	典型作业点	主要风险辨识
9.1	电动机检修	电机及回路检修	触电、物体打击
9.2	照明、空调检修	照明作业	高处坠落、触电
		空调检修	高处坠落、物体打击
9.3	特种设备检修	起重设备减速机、耦合器工作	高处坠落、起重伤害、机械伤害、物体打击
		栏杆、平台、盖板作业	高处坠落、机械伤害、物体打击
		起重设备检修作业	高处坠落、机械伤害、物体打击
		起重设备控制系统作业	高处坠落、触电
		电梯作业	高处坠落、机械伤害、触电
9.4	压缩空气系统检修	空压机、气罐、压缩空气供气管路作业	起重伤害、机械伤害、物体打击
9.5	排水系统检修	渗漏排水系统检修	机械伤害、物体打击、淹溺、中毒、窒息
		检修排水系统检修	机械伤害、物体打击、淹溺、中毒、窒息
9.6	安防、工业电视	传感器、报警器、摄像头作业	高处坠落、机械伤害、触电
		控制系统作业	触电
10	消防系统		
10.1	消防水系统	消防水池、管路、消防栓作业	机械伤害、物体打击、淹溺
		消防控制作业	高处坠落、触电
10.2	气体灭火系统	气罐及管路作业	机械伤害、物体打击、火灾、爆炸、中毒、窒息
		控制作业	高处坠落、触电
11	化学		
11.1	采样现场和试验室作业	采样作业	高处坠落
		试验室化验作业	灼烫、中毒、窒息
12	其他		
12.1	厂内、生活区	污水处理、下水疏通	物体打击、淹溺、中毒、窒息
		更换盖板和铁篦子	高处坠落、物体打击、中毒、窒息

续表

序号	典型作业现场	典型作业点	主要风险辨识
12.1	厂内、生活区	瓷砖修补、孔洞封堵及墙面抹灰	高处坠落、物体打击
		土方开挖	坍塌、物体打击
		玻璃安装	高处坠落、物体打击
		油漆作业	火灾、中毒、窒息
		木工作业	机械伤害、物体打击
12.2	其他	车辆使用	车辆伤害
		车床使用	机械伤害、物体打击
		配电室刀闸、开关检修	触电、物体打击
		路灯检修作业	高处坠落、触电
		库房材料、工具摆放及管理	物体打击、坍塌、火灾

附录三　风电场生产现场风险辨识表

序号	典型作业现场	典型作业点	主要风险辨识
1	电气		
1.1	变压器、110kV 变电站检修及试验	变压器断路器、隔离开关检修及试验	触电、高处坠落、机械伤害、起重伤害、窒息
		避雷器、电压互感器、电流互感器检修及试验	触电、高处坠落、机械伤害、起重伤害
		变电站设备巡检	触电
1.2	380V、35kV 开关室检修及试验	380V、35kV 开关检修试验	触电、物体打击
		380V、35kV 母线检修试验	触电、物体打击
		380V、35kV 母线、配电盘安装	触电、物体打击
		380V、35kV 开关室卫生清扫	高处坠落、触电
1.3	电缆铺设、旧电缆撤出、电缆制作、电缆孔洞封堵	铺设电缆	触电、高处坠落、物体打击
		制作电缆头	灼烫、物体打击
		电缆孔洞封堵	触电、高处坠落、物体打击
		旧电缆撤出	触电、高处坠落、物体打击
1.4	照明、空调检修	照明、电梯消缺	触电、高处坠落
		空调检修	触电、高处坠落
2	35kV 升压变压器		
2.1	35kV 变压器检修及试验	变压器负荷开关、隔离开关检修及试验	触电、物体打击、机械伤害
		变压器室内更换冷却风扇	触电、高处坠落
		变压器检修及试验	触电、物体打击
3	继电保护		
3.1	主控室，通信室，35kV、380V 开关室，110kV 站，水泵房，蓄电池室，风机	铺设电缆	触电、高处坠落、物体打击

续表

序号	典型作业现场	典型作业点	主要风险辨识
3.2	继保室、场用变室、35kV开关室、各台风机、各台箱式变压器	保护装置现场校验	触电
3.3	通信室、继保室	表计、变送器校验	触电
3.4	继保室、通信室	保护屏安装	物体打击、机械伤害
3.5	变压器	变压器瓦斯继电器校验	高处坠落、触电
4	风力发电机	风机塔筒、机舱、发电机及轮毂叶片吊装作业	高处坠落、物体打击、起重伤害
		塔基控制柜安装	起重伤害、物体打击、机械伤害
		铺设电缆及电气接线	高处坠落、物体打击、触电
		螺栓力矩校验	高处坠落、物体打击、机械伤害
		塔基内部维护	火灾、物体打击
		机舱内部维护	高处坠落、触电、火灾、中毒、窒息、机械伤害
		轮毂内部维护	触电、物体打击、火灾、机械伤害、高处坠落
		机舱外气象站维护	高处坠落、触电、物体打击
		叶片维护及塔筒防腐	高处坠落、机械伤害、物体打击
5	35kV架空线路检修	更换避雷器、绝缘子及试验	触电、高处坠落、坍塌、物体打击
		更换架空线路	触电、高处坠落、坍塌、物体打击
		架空线路巡视	触电、物体打击、坍塌、车辆伤害
6	变电设备巡检		
6.1	变电站设备	变电站设备巡检	触电
6.2	输电线路	线路巡检	触电、车辆伤害
6.3	风力发电机	风机巡检	触电、车辆伤害
6.4	升压变压器	升压变压器巡检	触电、车辆伤害
7	其他	下水疏通	中毒、窒息
		更换盖板和铁篦子	物体打击、高处坠落

续表

序号	典型作业现场	典型作业点	主要风险辨识
7	其他	瓷砖修补、孔洞封堵及墙面抹灰	物体打击、高处坠落
		土方开挖	物体打击、坍塌
		砌墙、砍砖	物体打击
		使用混泥土搅拌机	机械伤害、触电
		使用大锤、手锤、钎子	物体打击
		玻璃安装	物体打击
		油漆作业	火灾、中毒
		汽车驾驶	车辆伤害
		空调机安装、更换、修理	高处坠落、物体打击
		空调机加氟	高处坠落
		使用单轨吊	物体打击、起重伤害
		配电室刀闸、开关检修	触电、物体打击
		路灯检修作业	高处坠落、触电
		库房材料、工具摆放及管理	火灾、坍塌